LES NEURONES
MIROIRS

GIACOMO RIZZOLATTI
CORRADO SINIGAGLIA

LES NEURONES MIROIRS

Traduit de l'italien par Marilène Raiola

La traduction de cet ouvrage a été effectuée
avec la contribution du SEPS
Segretariato Europeo per le Pubblicazioni Scientifiche.

Via Val d'Aposa 7
40123 Bologna
Italie
seps@alma.unibo.it - www.seps.it

© 2006 Raffaello Cortina Editore
Milano, Via Rossini 4

Pour la traduction française :
© ODILE JACOB, 2008, FÉVRIER 2011
15, RUE SOUFFLOT, 75005 PARIS

www.odilejacob.fr

ISBN : 978-2-7381-1924-7

INTRODUCTION

Il y a quelque temps, Peter Brook a déclaré dans une interview qu'avec la découverte des *neurones miroirs* les neurosciences commençaient à comprendre ce que le théâtre savait depuis toujours. Pour le célèbre dramaturge et metteur en scène britannique, le travail de l'acteur n'aurait aucun sens si, par-delà toute barrière linguistique ou culturelle, il ne pouvait partager les bruits et les mouvements de son propre corps avec les spectateurs, en les faisant participer à un événement qu'ils doivent eux-mêmes contribuer à créer. Cette participation immédiate, sur laquelle le théâtre fonde sa réalité et sa légitimité, trouverait ainsi une base biologique dans les neurones miroirs, capables de s'activer aussi bien durant la réalisation d'une action que lors de l'observation de cette même action par d'autres individus.

Les considérations de Peter Brook montrent l'intérêt exceptionnel que la découverte de ces neurones a suscité au-delà des frontières de la neurophysiologie. Leurs propriétés singulières interpellent non seulement les artistes, mais également les chercheurs en psychologie, en pédagogie, en sociologie, en anthropologie, etc. Bien peu, cependant, connaissent l'histoire de leur découverte, les recherches expérimentales et les présupposés théoriques qui ont rendu possible cette découverte, ainsi que ses implications pour notre façon de comprendre l'architecture et le fonctionnement du cerveau.

C'est précisément cette histoire que *ce livre* se propose de raconter. Une histoire qui commence avec l'analyse de certains gestes (comme atteindre un objet avec la main et s'en saisir, porter un aliment à la bouche), que nous avons tendance à sous-estimer en raison même de leur familiarité, et qui a pour protagoniste le *système moteur* auquel les neurosciences – mais pas seulement elles ! – ont longtemps assigné un rôle de second plan, en le réduisant souvent à celui de simple comparse.

L'idée que les aires motrices du cortex cérébral étaient dévolues à des fonctions purement exécutives, sans aucune valeur perceptive et encore moins cognitive, a prévalu pendant des décennies. Les principales difficultés pour expliquer nos comportements moteurs concerneraient l'élaboration des différentes informations sensorielles et l'identification des substrats neuronaux intervenant dans les processus cognitifs liés à la production d'intentions, de croyances et de désirs. Une fois que le cerveau serait en mesure de sélectionner le flux d'informations qui proviennent de l'extérieur et de l'intégrer dans l'ensemble des représentations mentales qui se sont formées en lui d'une façon plus ou moins spontanée, le problème du mouvement se résoudrait par la mécanique de son exécution selon le schéma classique :

$$\text{perception} \rightarrow \text{cognition} \rightarrow \text{mouvement}$$

Ce genre de schéma pouvait paraître convaincant tant que nous disposions d'une image extrêmement simple du système moteur. Ce n'est plus le cas aujourd'hui. Nous savons que ce système est formé d'une mosaïque d'aires frontales et pariétales étroitement liées aux aires visuelles, auditives, tactiles et douées de propriétés fonctionnelles bien plus complexes qu'on ne pouvait l'imaginer. On a découvert, en particulier, que certaines aires contiennent des neurones qui s'activent en relation non à de simples mouvements, mais à des actions motrices finalisées (comme, par exemple, saisir, tenir, manipuler un objet, etc.) et qui répondent sélectivement aux formes et aux dimensions des objets, aussi bien lorsque nous sommes sur le point d'interagir avec eux que lorsque nous nous limitons à les observer. Ces neurones se révèlent capables de discriminer l'information sensorielle en la sélectionnant sur la base des possibilités d'action qu'elle offre, indépendamment du fait que ces possibilités puissent être concrètement réalisées ou non.

Si nous observons les mécanismes de fonctionnement du cerveau, nous nous rendons compte à quel point la description habituelle de nos comportements, qui tend à séparer les purs mouvements physiques des actions qu'ils permettent d'exécuter, est abstraite. Tout aussi abstraites sont la plupart des expériences habituellement menées pour enregistrer l'activité des neurones au cours desquelles les animaux, comme par exemple les singes, sont tenus pour de petits robots capables d'exécuter uniquement des tâches spécifiques. Pourtant, si l'on procède à l'enregistrement des neurones dans un contexte aussi naturel que possible, en laissant l'animal libre de prendre comme bon lui semble la nourriture ou les objets qui lui sont présentés, on remarque qu'au niveau cortical le système moteur n'est pas lié à des mouvements particuliers, mais à des actions. Du reste, à l'instar des primates non humains, nous ne nous limitons pas, le plus souvent, à bouger les bras, les mains et la bouche, mais nous atteignons, nous attrapons ou nous mordons un objet.

C'est dans ces actes, en tant qu'*actes* et non *simples mouvements*, que prend corps notre expérience du monde environnant et que les objets acquièrent immédiatement une signification pour nous. Cette même frontière rigide entre les processus perceptifs, cognitifs et moteurs finit à son tour par se révéler en grande partie artificielle : non seulement la perception apparaît comme immergée dans la dynamique de l'action, et donc plus articulée et composite que ce qu'on a cru dans le passé, mais *le cerveau qui agit* est aussi et avant tout un *cerveau qui comprend*. Certes, comme nous le verrons, bien que cette compréhension soit pragmatique, préconceptuelle et prélinguistique, elle n'en est pas moins importante, puisque c'est sur elle que reposent la plupart de nos capacités cognitives cérébrales.

Ce type de compréhension se reflète également dans l'activation des neurones miroirs. Découverts au début des années 1990, ces neurones montrent comment la reconnaissance des autres, de leurs actions, voire de leurs intentions, dépend en première instance de notre patrimoine moteur. Depuis les actions les plus élémentaires et naturelles, comme, précisément, saisir de la nourriture avec la main ou avec la bouche, jusqu'aux actions les plus élaborées, qui nécessitent une habileté particulière, comme exécuter un pas de danse, une sonate au piano ou un rôle théâtral, les neurones miroirs permettent à notre cerveau de corréler les mouvements observés à nos propres mouvements et d'en reconnaître la signification. Sans ce genre de mécanisme, nous disposerions d'une représentation sensorielle ou d'une figuration « picturale » du comportement d'autrui, mais celle-ci ne nous permettrait jamais de savoir ce que les autres sont réellement en train de faire. Certes, en tant que nous sommes doués de capacités cognitives supérieures, nous pourrions réfléchir sur ce que nous avons perçu, et déduire les éventuelles intentions, attentes ou motivations qui donneraient la raison des actions accomplies par les autres. Toutefois, notre cerveau est capable de comprendre ces dernières immédiatement, de les reconnaître sans avoir recours à aucun type de raisonnement, en se fondant uniquement sur ses propres compétences motrices.

Le système des neurones miroirs apparaît ainsi décisif pour l'émergence comme objet d'étude de ce terrain d'expérience commune où s'enracine notre capacité d'agir non seulement comme des sujets individuels, mais aussi et surtout comme des sujets sociaux. Des formes plus ou moins complexes d'imitation, d'apprentissage, de communication gestuelle, voire verbale, trouvent, en effet, une correspondance ponctuelle dans l'activation de certains circuits miroirs spécifiques. Mais ce n'est pas tout : notre propre capacité d'appréhender les réactions émotionnelles d'autrui est corrélée à un ensemble déterminé d'aires caractérisées par des propriétés miroirs. À l'instar des actions, les émotions aussi apparaissent comme étant immédiatement partagées : la perception de la douleur ou du dégoût chez autrui active les mêmes aires du cortex cérébral que celles qui sont impliquées lorsque nous éprouvons nous-mêmes de la douleur ou du dégoût.

Cela montre combien les liens qui nous unissent aux autres sont profondément enracinés en nous et, donc, à quel point il peut être bizarre de concevoir un *moi* sans un *nous*. Comme le rappelait Peter Brook, au-delà de toute différence linguistique ou culturelle, acteurs et spectateurs sont unis par le fait de vivre les mêmes actions et les mêmes émotions. L'étude des neurones miroirs semble nous offrir pour la première fois un cadre théorique et expérimental unifié dans lequel il devient possible de commencer à déchiffrer ce genre de coparticipation que le théâtre met en scène et qui, de fait, constitue le présupposé de chacune de nos expériences intersubjectives.

CHAPITRE 1

LE SYSTÈME MOTEUR

Prendre une tasse à café

Commençons par un exemple. Rien ne paraît plus simple que prendre en main une tasse à café. Pourtant, ce geste si naturel comporte une multiplicité de processus tellement enchevêtrés qu'à première vue ils nous semblent indistincts. Tout d'abord, nous devons identifier la tasse en la choisissant parmi les autres objets éventuels qui nous entourent et qui se disputent notre attention. Pour ce faire, nous devons tourner la tête et les yeux de telle sorte que l'image de la tasse tombe exactement sur la fovéa, la zone où l'acuité visuelle est maximale, nous permettant ainsi d'en apprécier au mieux les différents aspects (sa forme, l'orientation de son anse, sa couleur, etc.). Si nous voulons la prendre, nous devons ensuite la localiser par rapport à notre corps : ce n'est qu'alors que nous pourrons allonger la main et l'*atteindre*. Dans le même temps, nous devons en prendre, pour ainsi dire, les mesures, afin de pouvoir la *saisir* de la façon que nous considérons comme la plus opportune.

La tasse nous dicte un ensemble de *mesures* et de *modalités de préhension* : c'est à nous de répondre et de décider comment bouger et nous y conformer, en choisissant parmi toutes les prises possibles la plus adaptée à l'utilisation que nous voulons en faire ou éventuellement la plus conforme à nos habitudes. Bien que, d'ordinaire, nous ne nous en apercevions pas, avant même de l'atteindre, les doigts et la paume de notre main ont déjà commencé à se représenter la configuration géométrique de la portion de la tasse qui nous intéresse et les éventuels types de préhension qui lui sont corrélés. Dès que nous l'atteignons, notre main reçoit des informations venant de la peau, des articulations et des muscles qui lui permettent d'affiner sa prise et de porter la tasse à la bouche.

Même sans considérer les ajustements de posture – qui anticipent la réalisation de chacun des mouvements décrits ci-dessus, en en prévoyant les conséquences et en contrôlant l'équilibre dynamique du corps dans les différentes situations où il agit –, et indépendamment du rôle joué par l'apprentissage et l'expérience dans les différentes phases d'identification, de localisation, de déplacement de la main et de préhension de l'objet, un geste aussi élémentaire que saisir une tasse à café révèle un entrelacement complexe de sensations (visuelles, tactiles, olfactives, proprioceptives, etc.), de motivations, de dispositions corporelles et de performances motrices qui interagissent entre elles et avec les objets qui nous entourent, en réalisant chaque fois des formes de syntonies plus ou moins subtiles.

Mais que se passe-t-il lorsque nous passons du plan descriptif au plan neurophysiologique ? Devons-nous nous attendre à ce que les différents processus énumérés ci-dessus soient réductibles à des circuits corticaux distincts du point de vue anatomique et fonctionnel ? Dès lors, quels systèmes neuronaux sont concernés au niveau cortical lorsque nous nous décidons à prendre une tasse à café, et comment ces systèmes coopèrent-ils entre eux ?

L'organisation
des aires motrices frontales

Il se peut que le lecteur soit surpris par la simplicité de notre exemple, et du fait qu'il ressortit aux neurosciences, voire aux sciences cognitives. Pourtant, ces vingt dernières années, l'analyse des mécanismes neuronaux qui sous-tendent un acte aussi élémentaire que la préhension (ou que les nombreux autres actes de notre vie quotidienne) nous a conduits à reconsidérer bien des aspects essentiels de notre façon traditionnelle de concevoir le fonctionnement du cerveau – en particulier, concernant l'organisation du système moteur et les relations fonctionnelles qu'il entretient avec les autres systèmes (sensoriels, mais pas seulement), où se déploie l'activité cérébrale.

On a longtemps considéré que les phénomènes sensoriels, perceptifs et moteurs étaient répartis dans des aires corticales nettement distinctes : d'un côté, les *aires sensorielles*, à savoir les aires visuelles (localisées dans le lobe occipital), somato-sensorielles (cortex somato-sensoriel), auditives (circonvolutions temporales supérieures), etc. ; de l'autre, les *aires motrices*, situées dans la partie postérieure du lobe frontal, connue également sous le nom de *cortex frontal agranulaire*. Entre les premières et les deuxièmes se situent de vastes régions corticales, souvent définies comme *aires associatives* : à celles-ci (en particulier aux aires temporo-pariétales) serait impartie la tâche de « rassembler » les informations qui proviennent des différentes aires sensorielles et de former des « percepts » d'objets spatiaux qui doivent être transmis aux aires motrices pour l'organisation des différents mouvements (figure 1.1).

Selon ce modèle, lorsque nous prenons un objet avec la main, notre cerveau effectuerait un ensemble de processus organisés de façon sérielle, au cours desquels les informations provenant des aires corticales postérieures (sensorielles) seraient intégrées par les aires associatives ; le résultat de l'élaboration de ces dernières serait ensuite transmis au cortex moteur pour la réalisation de mouvements appropriés, dont l'exécution effective dépendrait de l'intention explicite du sujet.

Le système moteur aurait donc un rôle périphérique et éminemment exécutif – comme le montrent, du reste, les cartographies fonctionnelles qui figurent dans la plupart des manuels de neurologie encore en vogue aujourd'hui. Ainsi, par exemple, il suffit de penser au classique *simiunculus* de Clinton Woolsey, ou au non moins célèbre *homunculus* de Wilder Penfield (figure 1.2), datant de la moitié du XXe siècle, obtenus par une stimulation électrique du cortex moteur à l'aide de macro-électrodes disposées à sa surface[1]. Tant C. Woolsey que W. Penfield distinguaient deux aires motrices : l'aire motrice primaire (AMP) et l'aire motrice supplémentaire (AMS), caractérisées par une représentation complète des mouvements, plus détaillée dans l'aire motrice primaire, plus grossière dans l'aire motrice supplémentaire.

Toutefois, les cartographies obtenues par une stimulation électrique de surface ne correspondaient pas totalement à l'organisation cytoarchitectonique de la partie postérieure du lobe frontal (cortex moteur) des primates qui avait été décrite au début du XXe siècle par Korbinian Brodmann[2]. Il divisait cette région du lobe frontal en deux aires distinctes (aire 4 et aire 6), sur la base de la distribution des cellules pyramidales de la couche V (figure 1.3). L'aire AMP incluait, en effet, la totalité de l'aire 4 et une

---

1. Woolsey *et al.*, 1952 ; Woolsey, 1958 ; Penfield, Rasmussen, 1950.
2. Brodmann, 1909.

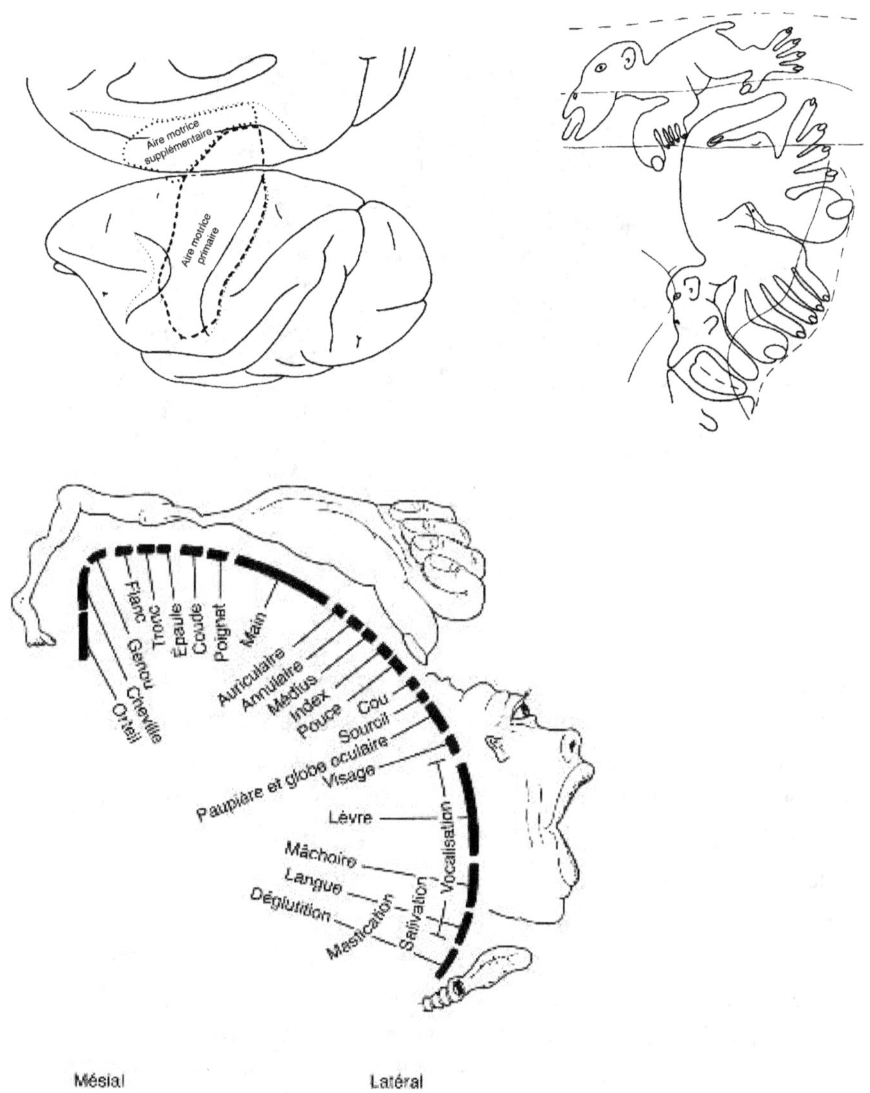

Fig. 1.2. En haut à gauche : vision mésiale et latérale du cerveau du singe ; les lignes en tirets indiquent la localisation de l'aire motrice primaire et de l'aire motrice supplémentaire selon la neurologie classique. En haut, à droite : les deux *demi-homoncules* correspondant, respectivement, à la représentation somato-topique des mouvements dans le cortex moteur primaire et dans le cortex moteur supplémentaire, selon la description de Clinton Woolsey. En bas, à gauche : l'*homoncule* moteur de Wilder Penfield.

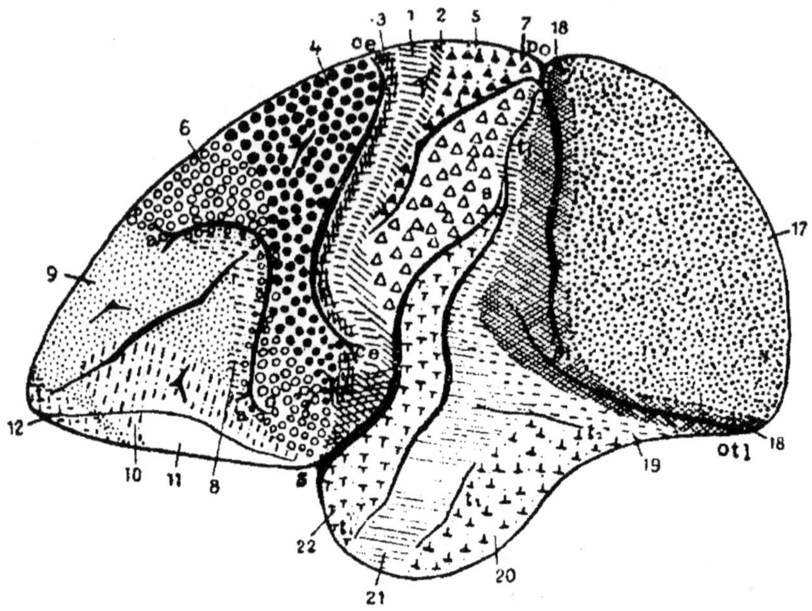

Fig. 1.3. Cartes cytoarchitectoniques du cortex d'un singe (cercopithèque, à gauche) et d'un homme (à droite). Ces cartes ont été obtenues par K. Brodmann grâce à des méthodes histologiques qui permettaient de colorier sélectivement les éléments cellulaires et, donc, de distinguer les différentes aires du cortex cérébral sur la base du nombre de couches corticales (typiquement six), de leur grandeur, de la quantité de neurones contenus et de la distribution de trois types fondamentaux de neurones corticaux (cellules pyramidales, étoilées et fusiformes). Si nous comparons la carte corticale du singe à celle de l'homme, nous pouvons remarquer qu'il existe une similitude de fond. Les mêmes sillons principaux (sillon central, sillon latéral, sillon temporel supérieur) sont présents dans les deux cartes et, à quelques exceptions près, les mêmes aires cytoarchitectoniques. Cependant, il existe aussi des différences importantes. Par exemple, la région pariéto-temporo-occipitale est beaucoup plus grande chez l'homme que chez le singe, ce qui a induit un déplacement des aires visuelles : dans le cortex de l'homme, elles occupent la face mésiale de l'hémi-

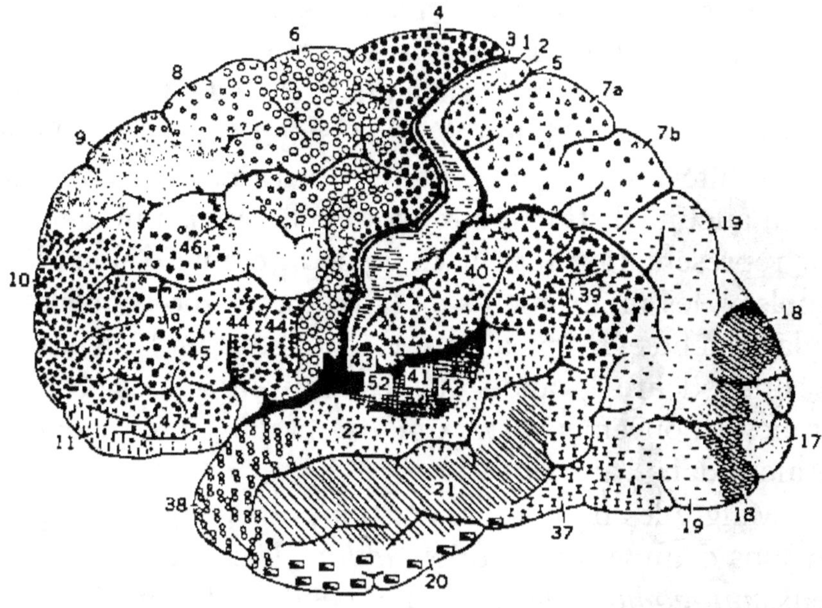

sphère, tandis que, dans celui du singe, elles occupent une grande partie du pôle caudal des hémisphères cérébraux sur la surface latérale (aire 17). En outre, le cortex humain révèle un développement important du lobe frontal. En revanche, il existe chez le singe un sillon qui ne se retrouve pas chez l'homme : le sillon arqué. Il divise le lobe frontal en deux portions cyto-architectoniquement et fonctionnellement différentes. La portion postérieure, formée par les aires 4 et 6, est caractérisée par une absence quasi totale de cellules étoilées (dites également « granules ») et par l'absence de la quatrième couche (couche granulaire interne) d'où son nom de *cortex agranulaire*. Bien que l'examen macroscopique ne révèle pas chez l'homme une subdivision du lobe frontal si marquée, des études cyto-architectoniques et des analyses fonctionnelles ont montré que, dans ce cas aussi, il est possible de distinguer une partie postérieure et une partie antérieure, la première (aires 4 et 6) est dévolue principalement à l'acti-vité motrice, la seconde (souvent désignée comme lobe préfrontal) a des fonctions de type cognitif.

grande partie de l'aire 6, placée sur la face latérale de l'hémisphère, tandis que l'aire AMS coïncidait avec la portion de l'aire 6 située sur la face mésiale. Pour remédier à cette difficulté, Clinton Woolsey suggéra que la différence cytoarchitectonique entre l'aire 4 et l'aire 6 ne correspondait à aucune distinction fonctionnelle, mais uniquement à une représentation somato-topique différente. Selon Clinton Woolsey, les mouvements de la main, les mouvements fins de la bouche et du pied (mouvements distaux) étaient localisés dans l'aire 4, tandis que les mouvements des bras, des jambes (mouvements proximaux) et du tronc (axiaux) le seraient dans l'aire 6.

Malgré les nombreuses critiques de ce qui fut jugé par certains comme une solution *ad hoc*, le schéma général des deux *simi-homoncules* constitua pendant des années un des points incontournables de la neurologie. Et cela pour au moins deux raisons : tout d'abord, ce schéma fournissait une explication immédiate et facilement applicable sur le plan clinique des problèmes de la localisation des mouvements dans le cortex moteur ; en outre, il reflétait l'idée, aujourd'hui comme alors très répandue, de l'unité fonctionnelle du système moteur cortical, véritable point d'arrivée de l'information sensorielle élaborée par les aires associatives et qui, en soi, serait privé de toute compétence perceptive et cognitive.

Pour reprendre les termes d'Elwood Henneman, ce système au fond n'existerait dans le cerveau que « pour traduire des pensées et des sensations en mouvement[3] ». Mais *comment* et *où* se produit une telle traduction ? Autrement dit, à quel moment la *pensée* et la *perception* cessent-elles d'être telles pour se transformer en *mouvement* ? Et Elwood Henneman d'ajouter : « Pour l'heure, les premiers pas de ce processus demeurent hors de portée de notre

---

3. Henneman, 1984, p. 826.

analyse[4]. » Toutefois, à peine quelques années plus tard (1984), on a commencé à comprendre que le système moteur n'est pas seulement connecté anatomiquement aux aires corticales responsables des activités cérébrales impliquées dans les « pensées et les sensations », mais qu'il possède de multiples fonctions, lesquelles ne sauraient être enfermées dans le cadre d'une cartographie purement exécutive.

Loin d'être organisé uniquement en deux aires (AMP et AMS), le cortex moteur est formé d'une constellation de régions différentes[5]. Si nous comparons la parcellisation anatomico-fonctionelle actuelle du cortex agranulaire, telle qu'elle est représentée dans la figure 1.4 avec les cartographies proposées dans les figures 1.2 et 1.3, nous pouvons remarquer que, contrairement aux hypothèses de Clinton Woolsey, le cortex moteur primaire (AMP, à partir de maintenant F1), coïncide avec l'aire 4 de Brodmann. Quant à l'aire 6, elle apparaît divisée en trois régions principales (*mésiale, dorsale, ventrale*), lesquelles sont à leur tour subdivisées en une partie rostrale (antérieure) en une partie caudale (postérieure) : la région mésiale est formée par les aires F3 (AMS) et F6 (pré-AMS) ; la région dorsale (*cortex prémoteur dorsal*) par les aires F2 (PMd proprement dite) et F7 (pré-PMd) ; enfin, la région ventrale (*cortex prémoteur ventral*, PMv) par les aires F4 et F5.

L'emploi de techniques électrophysiologiques plus fines, qui permettent l'insertion dans le cortex de micro-électrodes capables de stimuler des petits groupes de neurones de projection (*microstimulation intracorticale*), a montré que le cortex moteur contient une multiplicité de cartographies fonctionnellement distinctes et localisées dans les différentes aires anatomiques décrites ci-dessus. En ce qui concerne la région *mésiale* de l'aire 6, on a découvert que l'aire F3 est excitable par des courants à basse

---

4. *Ibid.*
5. Matelli *et al.*, 1985 ; Matelli *et al.*, 1991 ; Petrides, Pandya, 1997.

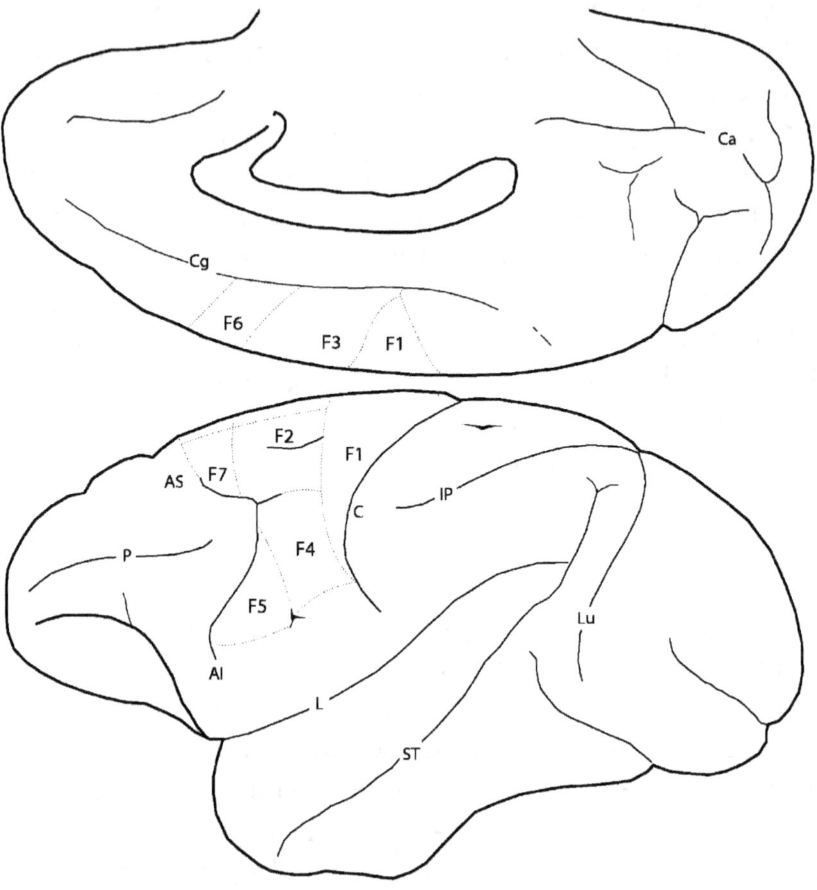

Fig. 1.4. Représentation mésiale et latérale du cerveau du singe qui révèle la parcellisation anatomo-fonctionnelle du cortex moteur frontal. Les aires du cortex frontal agranulaire sont indiquées par la lettre F suivie par un chiffre arabe. Cette nomenclature dérive de celle employée par von Economo, Koskinas, en 1925, pour la classification des aires du cortex humain. Voici d'autres abréviations : Al sillon arqué inférieur, As sillon arqué supérieur, C sillon central, Ca scissure calcarine, Cg sillon cingulaire, IP sillon intrapariétal, L scissure latérale ou de Sylvius, Lu sillon lunaire, P sillon principal, ST sillon temporal supérieur.

intensité et qu'elle contient une représentation complète des mouvements du corps ; en revanche, nous savons que l'aire F6 ne peut être stimulée que par des courants de plus forte intensité et que les réponses motrices obtenues consistent en des mouvements lents et complexes, limités au bras. Dans les régions *dorsales*, on a constaté que l'aire F2 est excitable et qu'elle présente une organisation somato-topique grossière, avec une représentation dorsale de la jambe et une représentation centrale du bras ; en face, l'aire F7 manifeste une faible excitabilité, et ses propriétés fonctionnelles sont peu connues. Enfin, en ce qui concerne la région *ventrale*, il apparaît que les aires F4 et F5 sont toutes deux électriquement excitables, mais si les représentations motrices de la première concernent le bras, le cou et les mouvements de la face, celles de la seconde concernent principalement la main et la bouche.

Du point de vue fonctionnel, les données obtenues à partir de l'enregistrement de neurones singuliers sont encore plus significatives : elles ont montré que les différentes aires du cortex prémoteur ont des comportements différents en réponse à des stimulations sensorielles et qu'elles manifestent des différences notables lors de certains mouvements actifs. Ainsi donc, la subdivision du cortex moteur en deux aires (AMP, AMS) apparaît trop simpliste – et si nous ne voulons vraiment pas renoncer à l'immédiateté du schéma des *demi-homoncules* de Woolsey, nous devrons tout du moins le corriger, en remplaçant la représentation duelle classique par une représentation somato-topique multiple. Du reste, depuis que nous savons que le cortex frontal agranulaire est doté d'une structure anatomo-fonctionnelle bien plus complexe qu'on ne l'avait supposé dans le passé, il nous est devenu possible de dépasser l'apparente dichotomie entre le système moteur d'un côté et les systèmes sensoriels (visuel, auditif, somatosensoriel, etc.) de l'autre.

Il existe désormais un large consensus sur le fait que la rétine et la cochlée ont des représentations multiples sur le cortex cérébral : cela vaut aussi pour les différentes aires cytoarchitectoniques qui contiennent des représentations somato-sensorielles indépendantes. Dès lors, pourquoi s'étonner que le cortex moteur ait également une multiplicité de représentations distinctes ? Devant cette redondance anatomique et fonctionnelle, le problème consiste éventuellement à établir le rôle joué par les différentes aires dans l'organisation et dans le contrôle du mouvement ; la question est de savoir si ces aires opèrent d'une façon hiérarchique ou bien si elles procèdent en parallèle ; enfin, si elles remplissent uniquement les fonctions qui leur sont normalement assignées ou bien si, au contraire, elles assument également certaines fonctions traditionnellement réservées aux aires « associatives », et qui s'avèrent décisives pour la « traduction » des informations sensorielles en commandes motrices.

Les circuits pariéto-frontaux

Pour comprendre pleinement la nature et la portée du système moteur cortical, il ne suffit pas d'identifier les différentes pièces qui composent la mosaïque des aires anatomiquement et fonctionnellement distinctes du cortex cérébral. Il importe également de considérer leurs connexions avec les autres aires motrices (*connexions intrinsèques*), avec les aires corticales en dehors du cortex frontal agranulaire (*connexions extrinsèques*), ainsi que l'organisation de leurs projections vers les centres sous-corticaux et vers la moelle épinière (*connexions descendantes*).

Aujourd'hui, nous savons qu'il existe une différence notable entre les aires motrices situées dans la partie postérieure du cortex frontal agranulaire (F2-F5) et les aires motrices antérieures (F6-F7). Les premières, en effet, sont directement connectées à F1 et apparaissent liées entre elles d'une manière somato-topique précise : les secondes, en revanche, ne se projettent pas *vers* F1, mais se caractérisent par la richesse de leurs connexions avec les autres aires motrices[6]. On retrouve ce même genre de subdivision au niveau des projections descendantes. F1, F2, F3 et une partie de F4 et de F5 donnent naissance au tractus cortico-spinal, alors que ni F6 ni F7 ne sont connectées à la moelle épinière, mais se projettent *vers* d'autres parties de l'encéphale – ce qui signifie que, contrairement aux aires postérieures, elles ne peuvent contrôler le mouvement qu'indirectement grâce à leurs relais sous-corticaux[7].

Il est intéressant de noter que les fibres qui partent de F1 aboutissent dans la région intermédiaire de la moelle épinière et dans la lame vertébrale où sont localisées les motoneurones, alors que les fibres qui descendent des autres aires motrices (F2-F5) parviennent exclusivement, ou presque, dans la région intermédiaire de la moelle épinière. Cette organisation anatomique différente a une valeur fonctionnelle : les projections de F2, F3, F4 et F5 activent des circuits spinaux préformés, en déterminant pour ainsi dire le cadre global du mouvement ; les projections de F1, en revanche, en parvenant directement aux motoneurones, correspondent à sa morphologie fine.

En ce qui concerne les *connexions extrinsèques*, les aires du cortex frontal agranulaire reçoivent des afférences corticales depuis trois régions principales : le lobe préfrontal, le cortex cingulaire et le lobe pariétal (le cortex somato-sensoriel primaire, ou SI, et le cortex pariétal postérieur).

---

6. *Cf.* Matsumara, Kubota, 1979 ; Muakkassa, Strick, 1979 ; Matelli *et al.*, 1986 ; Luppino *et al.*, 1993.

7. Pour un approfondissement ultérieur, voir Keizer, Kuypers, 1989 ; He *et al.*, 1993 ; Galea, Darian-Smith, 1994 ; He *et al.*, 1995 ; Rizzolatti, Luppino, 2001.

On considère traditionnellement que le *lobe préfrontal* joue un rôle majeur dans les fonctions dites d'« ordre supérieur », comme la mémoire de travail et la planification temporelle des actions. Souvent, on lui attribue également pour fonction de rendre la conduite du sujet cohérente avec ses intentions : on sait, par exemple, que des patients présentant des lésions préfrontales ont du mal à suivre une ligne de conduite cohérente avec leurs intentions et se laissent facilement distraire par des stimulations secondaires ou par des contingences[8]. D'où la conviction que les aires préfrontales représentent le substrat neuronal qui serait à la base de la formation des intentions qui précèdent et orientent l'action.

Nous ne savons pas grand-chose du *cortex cingulaire*. Toutefois, on tend à penser que cette région est impliquée dans l'élaboration des informations motivationnelles et affectives qui interviennent dans la genèse des intentions, en influençant ainsi le cours même des actions.

Enfin, en ce qui concerne le *lobe pariétal postérieur*, le lecteur nous pardonnera de lui infliger les quelques précisions anatomiques suivantes, mais elles sont indispensables si nous voulons clarifier les fonctions possibles des différents circuits moteurs.

Le lobe pariétal postérieur des primates est divisé en deux secteurs principaux par un sillon (sillon intrapariétal, IP), très ancien du point de vue de l'évolution : le lobe pariétal supérieur (LPS) et le lobe pariétal inférieur (LPI). Ces deux lobes sont formés d'une multiplicité d'aires indépendantes, dont chacune est chargée d'élaborer des aspects déterminés de l'information sensorielle et se trouve connectée à des effecteurs spécifiques (figure 1.5). Certaines aires sont liées à des modalités somato-sensorielles, d'autres à

---

8. *Cf.* Fuster, 1989.

des modalités visuelles, d'autres encore aux unes comme aux autres[9].

Ainsi, donc, le cortex pariétal présente une parcellisation analogue à celle observée dans le cortex moteur. Mais ce qu'il importe surtout de souligner c'est que, dans les aires pariétales postérieures, longtemps définies comme *associatives*, on a constaté une activité neuronale en connexion avec des actes moteurs[10]. Si l'on peut définir comme *moteurs* les neurones dont l'activité est reliée à un mouvement, cela signifie que le cortex pariétal postérieur doit être considéré comme une partie du système moteur cortical. D'autant plus que, du point de vue anatomique, les connexions pariéto-frontales révèlent un haut niveau de spécificité, en donnant forme à une série de circuits anatomiquement ségrégés. Sur le plan fonctionnel, cela se traduit par le fait que chacun de ces circuits apparaît impliqué dans une transformation sensori-motrice particulière, autrement dit, dans la « traduction » particulière d'une description du stimulus en termes sensoriels en une description en termes moteurs.

Mais revenons un instant sur les aires frontales. Nous avons vu que celles-ci se divisent en aires postérieures (F1-F5) et en aires antérieures (F6-F7). Les diagrammes en hors texte nous montrent que cette division existe également en ce qui concerne *leurs connexions extrinsèques*. Les aires motrices postérieures, en effet, reçoivent leurs principales afférences corticales du lobe pariétal (figure 1.6) ; les aires motrices antérieures, en revanche, reçoivent leurs afférences du cortex préfrontal et du cortex cingulaire (figure 1.7).

---

9. *Cf.* Colby *et al.*, 1988 ; Colby, Duhamel, 1991 ; Tanné *et al.*, 1995 ; Lacquarniti *et al.*, 1995 ; Caminiti *et al.*, 1996 ; Rizzolatti *et al.*, 1997 ; Wise *et al.*, 1997.

10. *Cf.* Montcastle *et al.*, 1975 ; Hyvärinen, 1981 ; Andersen, 1987 ; Skata *et al.*, 1995.

On peut donc en conclure que ces deux types d'aires ont des fonctions différentes. Les aires postérieures reçoivent du lobe pariétal une riche moisson d'informations sensorielles qu'elles utilisent pour l'organisation et le contrôle du mouvement, en les élaborant dans une série de processus parallèles, où chaque circuit est impliqué dans la réalisation de transformations sensori-motrices spécifiques. Ainsi, par exemple, il existe des circuits qui analysent des informations somato-sensorielles en les utilisant pour la localisation des parties du corps nécessaires au contrôle du mouvement des membres ou pour le contrôle du mouvement du bras (et des jambes) ; d'autres, en revanche, utilisent les informations visuelles pour la codification de l'espace environnant, pour atteindre des objets ou bien pour la réalisation des mouvements appropriés de la main. Les aires antérieures, en revanche, ne reçoivent que quelques rares informations sensorielles, de sorte qu'il est peu probable qu'elles jouent un rôle significatif dans les transformations sensori-motrices. Par ailleurs, ces aires reçoivent des informations cognitives d'ordre supérieur, liées à la planification temporelle des actions ou aux motivations – ce qui rend plausible l'hypothèse qu'elles aient principalement des fonctions de contrôle, déterminant en particulier quand et dans quelles circonstances le mouvement sélectionné par les aires postérieures doit se traduire en acte effectif[11].

Une première conclusion

À partir de ces quelques indications sur l'organisation des aires et des connexions corticales, il apparaît déjà clairement que les données expérimentales de ces vingt derniè-

---

11. Pour un exposé plus détaillé, *cf.* Rizzolatti *et al.*, 1998.

res années ont profondément modifié la conception du système moteur qui a longtemps prévalu dans le domaine de la physiologie et des neurosciences. Le cortex frontal agranulaire et le cortex pariétal postérieur sont donc constitués d'une mosaïque d'aires anatomiquement et fonctionnellement distinctes, qui sont fortement connectées entre elles et qui forment des circuits destinés à travailler en parallèle et à intégrer les informations sensorielles et les informations motrices relatives à des effecteurs déterminés. Cela vaut également pour les circuits qui concernent les aires du cortex préfrontal et du cortex cingulaire, et qui sont responsables de la formation des intentions, de la planification à long terme et du choix du moment le plus opportun pour agir.

De ce point de vue, ce ne sont pas seulement les cartographies classiques *à la* Woolsey ou *à la* Penfield qui apparaissent inadéquates. La thèse, autrefois largement partagée, et reprise parfois encore aujourd'hui, selon laquelle les fonctions sensorielles, perceptives et motrices seraient la prérogative exclusive de certaines aires séparées entre elles, semble être le fruit d'une simplification excessive. En particulier, il est de plus en plus évident que le système moteur possède une telle multiplicité de structures et de fonctions qu'on ne peut plus le confiner au rôle de simple exécuteur passif de commandes ayant leur origine ailleurs.

Du reste, tant qu'on le cantonnait à la seule production du mouvement, il était difficile de comprendre grand-chose aux phases initiales de ce processus ou, en d'autres termes, *comment* et *où* l'information sensorielle, ainsi que les intentions, les motivations, etc., pouvaient être « traduites » en événements moteurs appropriés. Le recours à des aires de type associatif servait bien plus à souligner un problème qu'à le résoudre : sur la base de quels mécanismes, en effet, ces « associations » pouvaient-elles être transformées en *inputs* moteurs ?

Les choses ont changé depuis que nous avons découvert que les aires du cortex pariétal postérieur, traditionnellement dites « associatives », reçoivent non seulement de fortes afférences des régions sensorielles, mais possèdent des propriétés motrices analogues à celles des aires du cortex frontal agranulaire, au point de former avec elles des circuits intracorticaux tout aussi spécialisés. Cela prouve que le système moteur n'est en aucune façon périphérique et isolé du reste des activités cérébrales, mais consiste en une trame complexe d'aires corticales différenciées par leurs localisations et par leurs fonctions, et qu'il contribue d'une façon décisive à réaliser ces *traductions* ou, mieux, ces *transformations* sensorielles dont dépendent l'identification, la localisation des objets et la réalisation des mouvements requis par la plupart des actes qui scandent notre existence quotidienne. Mais ce n'est pas tout : le fait que l'information sensorielle et l'information motrice peuvent être ramenées à un format commun, codifié par des circuits pariéto-frontaux spécifiques, suggère qu'au-delà de l'organisation de nos comportements moteurs, certains processus habituellement considérés comme d'ordre supérieur et attribués à des systèmes de type cognitif, comme par exemple la perception et la reconnaissance des actions d'autrui, l'imitation et les formes de communication gestuelles et vocales, peuvent renvoyer au système moteur et trouver en lui son propre substrat neuronal primaire.

Ces questions et bien d'autres seront traitées dans les prochains chapitres. Mais, à présent, il est temps de prendre notre tasse de café.

CHAPITRE 2

LE CERVEAU QUI AGIT

Mouvements et actes

Dans le chapitre précédent, nous avons vu que *prendre* un objet, comme par exemple une tasse à café, relève de deux processus indépendants, bien que coordonnés entre eux : *atteindre* et *saisir*. L'impression commune est que le premier processus précède le second. En réalité, les choses ne se passent pas comme ça. L'enregistrement des mouvements du bras et de la main a montré que ces deux processus débutent et se déroulent en parallèle. Le bras s'avance pour atteindre la tasse et, simultanément, la main préfigure la prise nécessaire pour la saisir.

Considérons de plus près ce dernier processus. Pour que la main puisse réellement *saisir* un objet, le cerveau doit : 1) disposer d'un mécanisme capable de transformer l'information sensorielle relative aux propriétés géométriques (« propriétés intrinsèques ») de l'objet que nous voulons prendre en configuration particulière des doigts ; 2) être en mesure de contrôler les mouvements de la main, et surtout ceux des doigts, afin de pouvoir effectuer la prise désirée.

Nous savons depuis longtemps que la seconde opération nécessite l'implication cruciale du cortex moteur primaire (F1). Grâce à ses connexions directes avec les motoneurones de la moelle épinière, F1 est la seule aire capable de contrôler les mouvements isolés des doigts, autrement dit, les mouvements non insérés dans des synergies préconstituées. Des lésions de l'aire F1 entraînent un manque de force et une flaccidité, et donc une incapacité de bouger les doigts de façon autonome[1].

Toutefois, F1 n'a pas un accès direct à l'information visuelle et les rares neurones de cette aire qui répondent à des stimulations visuelles ne possèdent pas les caractéristiques requises pour transformer les propriétés géométriques des objets en configurations motrices opportunes. Depuis quelques années, nous savons que ces transformations, indispensables pour des actes comme la préhension, dépendent d'une manière décisive de l'aire F5.

Nous avons déjà dit que F5 contient des représentations motrices de la main et de la bouche, lesquelles sont en partie superposées. Une des techniques les plus fréquemment utilisées pour identifier les fonctions de cette aire, et d'autres aires corticales, consiste à enregistrer l'activité des neurones et à la corréler au comportement moteur de l'animal. Cela peut être fait de deux manières très différentes : soit on enregistre l'activité neuronale dans des expériences sur l'activité des neurones lors de l'exécution de certains mouvements fixés au préalable par l'expérimentateur, et que l'animal est conditionné à accomplir[2], soit on enregistre l'activité neuronale au cours d'une vaste gamme d'actes moteurs exécutés dans un contexte aussi naturel que possible.

---

1. *Cf.*, par exemple, Schieber, Poliakov, 1998 ; Fogassi *et al.*, 2001. Pour un exposé de la littérature précédente, *cf.* Porter, Lemon, 1993.

2. *Cf.*, par exemple, Evarts *et al.*, 1984 ; Weinrich, Wise, 1982.

Bien que la seconde approche puisse paraître excessivement subjective, elle présente des avantages notables par rapport à la première. En effet, si nous étudions les neurones au cours de mouvements fixés au préalable et stéréotypés, les propriétés susceptibles d'être identifiées concernent uniquement les activités motrices qui ont été choisies *a priori* par l'expérimentateur. Il nous est donc impossible de comprendre certains aspects de l'organisation neurale qui n'ont pas été prévus au préalable. En revanche, les enregistrements réalisés dans des contextes naturels – au cours desquels, par exemple, il est demandé à un singe d'atteindre ou de prendre des objets de différentes sortes (des morceaux de nourriture ou des objets tridimensionnels de forme et de taille différentes), proches ou lointains – sont non seulement moins perméables à des hypothèses *a priori*, qui risquent souvent de dégénérer en redoutables préjugés, mais permettent d'identifier des fonctionnalités nouvelles et parfois même inattendues.

Ce n'est pas un hasard si ce dernier genre d'approche a permis de découvrir une propriété surprenante de l'aire F5 : la plupart de ses neurones *ne codent pas des mouvements particuliers, mais des actes moteurs*, autrement dit, des mouvements coordonnés par une finalité spécifique[3]. De nombreux neurones de F5, en effet, s'activent lorsque le singe accomplit un acte moteur (par exemple, lorsqu'il saisit un petit morceau de nourriture), indépendamment du fait qu'il est exécuté avec la main droite, la main gauche ou même avec la bouche ; en outre, dans la plupart des cas, le même type de mouvement (une flexion de l'index) qui active un neurone au cours d'un acte moteur (saisir) ne l'active pas au cours d'un autre (gratter). La description de l'activité de ces neurones en termes de purs mouvements s'avère donc inadéquate. En revanche, si nous prenons

---

3. Rizzolatti, Gentilucci, 1988 ; Rizzolatti *et al.*, 1988.

comme critère fondamental de classification l'efficacité de l'acte moteur, nous pouvons répartir les neurones de F5 en classes spécifiques. Parmi celles-ci, les plus communes sont : les neurones « saisir-avec-la-main-et-avec-la-bouche », les neurones « saisir-avec-la-main », les neurones « tenir », les neurones « arracher », les neurones « manipuler », etc.

La figure 2.1 décrit le comportement d'un neurone de la première classe (« saisir-avec-la-main-et-avec-la-bouche »), dont la décharge a été enregistrée lorsque l'animal prenait un morceau de nourriture avec la bouche (A), avec la main controlatérale au cortex enregistré (B), et avec la main ipsilatérale à ce même cortex (C). L'ouverture et la fermeture de la bouche provoquée par d'autres objets que la nourriture, comme par exemple des stimuli à caractère émotionnel, n'induisaient aucune réponse de la part du neurone. Il en était de même lorsque l'animal allongeait le bras, non pour saisir un morceau de nourriture, mais pour déplacer des objets qui le dérangeaient. Ainsi donc, les mouvements de la bouche et de la main accomplis au cours de l'exécution de certains actes autres que la préhension n'activaient pas le neurone en question, même si les muscles utilisés étaient les mêmes ; à l'inverse, le neurone répondait quand le singe exécutait des mouvements différents pour atteindre le même objectif, c'est-à-dire prendre de la nourriture.

Indépendamment de leur classe d'appartenance, la plupart des neurones de F5 codent également le type de conformation que la main doit adopter pour exécuter l'acte en question. Il existe ainsi des neurones qui s'activent lorsque le singe utilise sa « prise de précision » (laquelle nécessite l'opposition du pouce et de l'index, particulièrement utile pour des objets de petite taille) ; d'autres s'activent lorsque le singe saisit des objets avec tous les doigts (une prise utilisée habituellement pour des objets de taille moyenne) ; d'autres enfin, plutôt rares, déchargent au cours de la prise à pleine main, dite également « prise de force » (adaptée aux objets de grande dimension). En

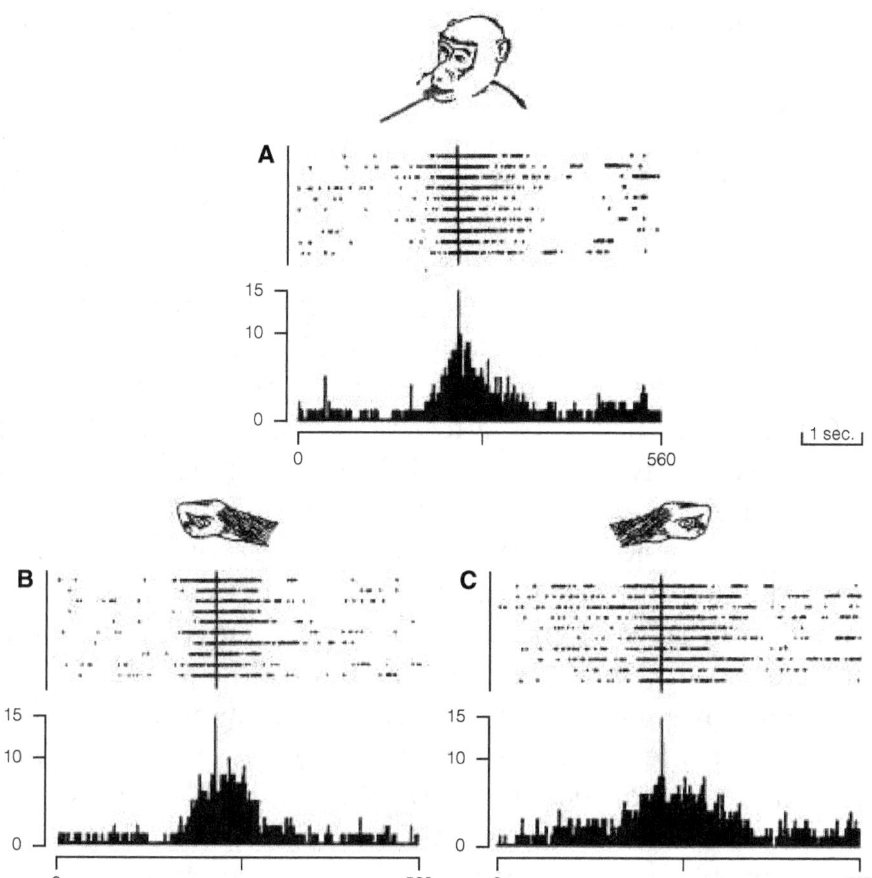

Fig. 2.1. Exemple d'un neurone F5 « saisir-avec-la-main-et-avec-la-bouche ». Activité du neurone lorsque le singe saisit un objet (une graine) avec la bouche (A), avec la main controlatérale à l'hémisphère où se trouve le neurone enregistré (B), avec la main ipsilatérale (C). Les essais individuels et les histogrammes de réponse sont alignés sur l'instant où le singe touche la nourriture. Les histogrammes représentent une moyenne de dix essais. Le temps, exprimé en bin (amplitude bin = 10 ms), est porté en abscisse, le rapport spikes/bin en ordonnée. (Adapté de Rizzolatti *et al.*, 1988.)

outre, les neurones de F5 présentent une certaine sélectivité des différentes configurations des doigts pour un même genre de prise. Dans le cas, par exemple, d'une prise à pleine main, comme la préhension d'une sphère, qui nécessite l'opposition de tous les doigts, celle-ci est codée par des neurones différents de ceux qui répondent à la préhension d'un cylindre pour laquelle l'opposition du pouce n'est pas nécessaire[4].

Abstraction faite de leur spécificité à certains types de prise, l'activation des neurones de F5 varie aussi en fonction des différentes phases de l'acte moteur. Ainsi, par exemple, lors d'un mouvement de préhension de la main, environ un tiers de ces neurones commencent à décharger pendant la flexion des doigts, tandis que les deux tiers restants s'activent avant la flexion, même si leur décharge continue jusqu'à la prise effective. Environ la moitié de ces neurones s'active durant l'extension des doigts, alors que l'autre moitié décharge avant n'importe quel mouvement distal observable. Ce qui constitue une preuve supplémentaire du fait que les neurones de F5 répondent sélectivement à des actes moteurs et non pas à des mouvements particuliers. En effet, hormis les neurones qui déchargent uniquement lors de la phase finale de la préhension, les autres neurones de F5 (environ 70 %) s'activent *aussi bien* durant l'extension des doigts (préformation de la prise) *que* durant leur flexion (prise effective). Il est donc pour le moins problématique d'attribuer leur activation à un mouvement particulier, fût-ce l'extension ou la flexion des doigts[5].

Propriétés visuo-motrices

Les propriétés *motrices* que nous venons de décrire sont typiques de la plupart des neurones de l'aire F5. Toutefois, dès les premières études, il est apparu qu'une partie des neurones de F5 répondait sélectivement aussi à

---

4. Jeannerod *et al.*, 1995.
5. Rizzolatti, Gentilucci, 1988.

des stimulations *visuelles*[6]. Afin de mieux comprendre ces fonctions visuo-motrices, on a eu recours à un paradigme expérimental qui permettait de dissocier les réponses visuelles des réponses motrices et d'en éclairer les caractéristiques.

Lors d'une expérience menée par Akira Murata et ses collaborateurs[7], un singe avait été placé devant une boîte contenant des solides géométriques de forme et de grandeur différentes (un palet, un anneau, un cube, un cylindre, un cône et une sphère), qui lui étaient présentés un par un et toujours dans la même position centrale. L'essai prévoyait trois situations expérimentales distinctes : (A) saisir un objet en pleine lumière, (B) le saisir dans l'obscurité, (C) fixer l'objet. Dans la première situation, un petit point coloré (rouge) était projeté sur l'objet qui demeurait non visible. Le singe devait le fixer et appuyer sur le bouton qui éclairait la boîte et rendait l'objet visible. Puis le petit point changeait de couleur (de rouge il devenait vert) : le singe devait lâcher le bouton et saisir l'objet. Dans la deuxième situation, après que l'animal avait pris une première fois l'objet en le voyant, la lumière à l'intérieur de la boîte était éteinte et les expériences successives se déroulaient dans le noir absolu – si bien que, durant la réalisation de la tâche qui lui était demandée, le singe ne pouvait plus compter sur l'aide de la vue, mais seulement sur sa connaissance préalable de la localisation et des caractéristiques de l'objet. Enfin, dans la troisième situation, les conditions initiales de l'expérience étaient analogues à celles de la première situation, mais lorsque le petit point changeait de couleur, le singe devait se limiter à lâcher le bouton et à fixer l'objet sans le saisir.

L'enregistrement des neurones a montré que parmi ceux qui étaient actifs lors de l'exécution de la tâche, la moitié déchargeait uniquement durant les mouvements

---

6. *Cf.*, par exemple, Rizzolatti *et al.*, 1988.
7. Murata *et al.*, 1997. Voir également Rizzolatti *et al.*, 2000 ; Gallese, 2000.

relatifs à la préhension (*neurones moteurs*), tandis que l'autre moitié répondait de manière significative à la présentation des objets, aussi bien lorsqu'elle était suivie d'une prise que lorsque la prise n'avait pas lieu (*neurones visuo-moteurs*). Deux tiers de chacun de ces deux types de neurones codaient sélectivement une certaine modalité de prise.

Mais le plus important, c'est que tous les neurones visuo-moteurs qui montraient une sélectivité motrice étaient aussi sélectifs du point de vue visuel : non seulement leur décharge était plus forte quand le singe fixait certains solides géométriques précis, mais la sélectivité visuelle établie dans la situation (C) – fixer l'objet – coïncidait avec celle constatée dans la situation (A) – la saisie d'un objet perçu visuellement – au moment de la présentation de l'objet. C'était d'autant plus surprenant qu'en (C), contrairement à (A), la forme de l'objet était insignifiante pour l'exécution de la tâche prévue (lâcher le bouton). En outre, la comparaison entre les réponses sélectives des neurones visuo-moteurs lors des trois situations prévues par l'expérience a montré que la plupart d'entre eux avaient un comportement analogue à celui décrit dans la figure 2.2, ce qui prouve qu'il y a bien congruence entre la sélectivité motrice pour un type déterminé de préhension et la sélectivité visuelle pour des objets qui, tout en ayant des formes et des dimensions différentes, sont unis par la même prise codifiée au niveau moteur.

Des phénomènes similaires ont été observés chez l'homme : des études de résonance magnétique fonctionnelle[8] ont montré, en effet, que la présentation d'instruments ou d'objets saisissables activait chez des sujets normaux l'aire du cortex prémoteur considérée comme l'homologue humain de F5 aussi bien dans les cas de

---

8. *Cf.* Perani *et al.*, 1995 ; Martin *et al.*, 1996 ; Grafton *et al.*, 1997 ; Chao, Martin, 2000 ; Brinkofski *et al.*, 1999 ; Ehrsson *et al.*, 2000.

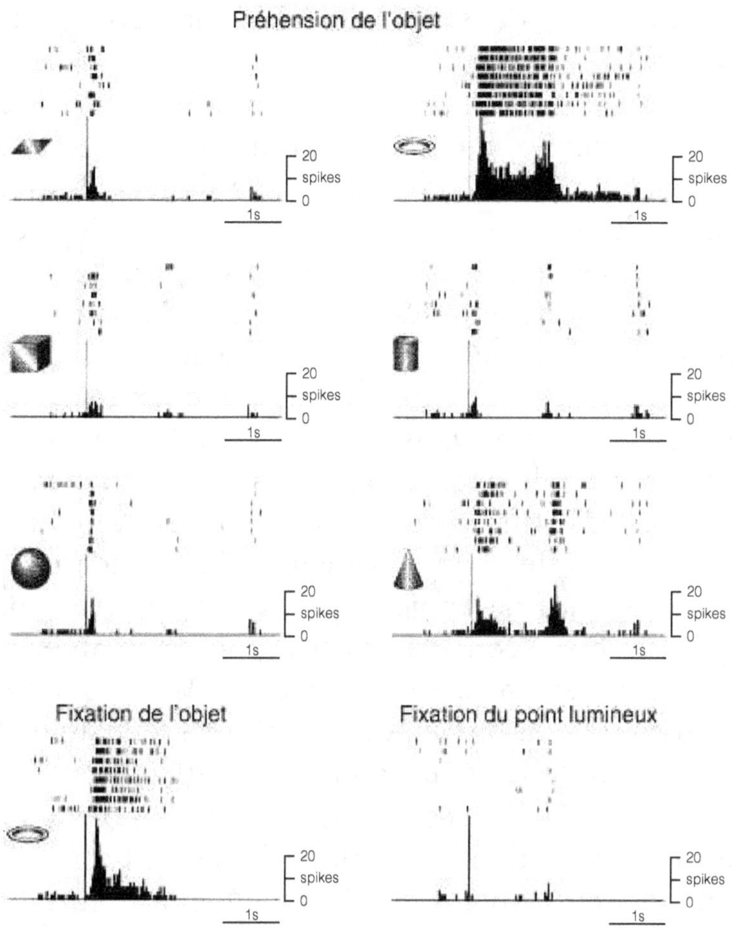

Fig. 2.2. Neurone visuo-moteur de F5. La partie supérieure de la figure illustre l'activité du neurone au cours de l'observation et de la préhension de différents objets éclairés. Chaque expérience particulière et les histogrammes de réponse sont alignés sur l'instant où le singe appuie sur un bouton et l'objet devient visible. Il convient de noter que le neurone montre une sélectivité évidente pour l'anneau : des deux pics de réponse, le premier est déterminé par la vision de l'anneau, le second par le mouvement de préhension. La réponse visuelle en présence de l'anneau apparaît aussi dans la situation expérimentale où le singe fixe l'anneau sans devoir aller le prendre (partie inférieure gauche de la figure). Enfin, la partie inférieure droite de la figure indique les réponses du neurone dans une situation expérimentale où le singe ne voit aucun objet mais doit fixer un petit point lumineux. (Adaptée de Murata *et al.*, 1997.)

préhension, que dans ceux où aucune réponse motrice n'était requise.

Comment interpréter ces résultats ? Autrement dit, comment concilier la caractérisation motrice des neurones de F5 avec la capacité de certains de donner des réponses *visuelles* à la présentation d'un objet ? Dès lors, quel statut attribuer à ces dernières ? Les réponses visuelles sont-elles l'expression d'une intention du singe, de son désir, par exemple de prendre l'objet ? Ou bien relèvent-elles de facteurs attentionnels ? Aucune de ces deux hypothèses ne semble satisfaisante. Dans les deux cas, contrairement à ce qui est observé, les neurones enregistrés ne devraient pas apparaître sélectifs vis-à-vis des objets. L'intention et l'attention, en effet, sont les mêmes, indépendamment des traits spécifiques de l'objet présenté. Il ne reste donc que deux possibilités : considérer ces réponses comme motrices ou bien uniquement comme visuelles. Mais si l'interprétation motrice est la bonne, que signifie obtenir une réponse motrice en l'absence d'un mouvement effectif ?

Avant d'aborder ces questions, qui semblent remettre en cause la façon dont les notions de perception et de mouvement ont été traitées traditionnellement dans le cadre de la neurophysiologie et des neurosciences, il convient de poursuivre l'analyse des mécanismes de transformation sensori-motrice impliqués dans l'exécution d'actes comme saisir, tenir, arracher, etc. À cet égard, il importe de rappeler que, du point de vue anatomo-fonctionnel, l'aire F5 possède une connexion étroite et réciproque avec l'aire intra-pariétale antérieure (AIP), dont les neurones s'activent lorsque nous exécutons des mouvements de la main.

En utilisant un paradigme expérimental analogue à celui qui fut ensuite employé dans l'étude des neurones de F5, Hideo Sakata et ses collaborateurs[9] ont montré que les répon-

---

9. Sakata *et al.*, 1995.

ses enregistrées dans les trois situations prévues – (A) préhension en pleine lumière, (B) préhension dans l'obscurité, (C) fixation de l'objet – permettent de répartir les neurones de l'aire AIP en trois classes distinctes : *neurones à dominance motrice, neurones visuo-moteurs, neurones à dominance visuelle*. Les neurones des deux premières classes révèlent des propriétés analogues à celles des neurones moteurs et visuo-moteurs de F5 : en particulier, les neurones à dominance motrice déchargent dans la situation (A) et (B), tandis qu'ils ne répondent pas dans la situation (C) ; en revanche, les neurones visuo-moteurs apparaissent non seulement plus actifs en (A) qu'en (B), mais ils déchargent également en (C). Quant aux neurones à dominance visuelle, qui sont absents de F5, ils répondent en (A) et en (C), mais non en (B).

L'expérience de Sakata a été reproduite par Murata et ses collaborateurs[10] dans le but d'étudier la sélectivité visuelle des neurones de l'aire AIP, actifs dans les situations (A), (B) et (C), à des objets tridimensionnels différents par leur forme géométrique, leur taille et leur orientation. On a constaté que presque 70 % des neurones enregistrés répondent d'une manière visuellement sélective, et qu'une grande partie d'entre eux codent de préférence un seul objet ou un groupe restreint d'objets (figure 2.3).

Ainsi donc, les propriétés fonctionnelles des neurones indiquent que le circuit AIP-F5 est impliqué dans les transformations visuo-motrices nécessaires pour saisir un objet. Mais la présence dans le cortex frontal agranulaire d'autres représentations des mouvements de la main laisse penser que le rôle joué par ce circuit ne serait pas décisif. C'est pourquoi on a procédé à des études sur les effets de l'inactivation réversible de certaines parties des aires F5 et de l'aire AIP par micro-injections d'une substance (muscimol) qui augmente l'action d'un des neurotransmetteurs inhibi-

---

10. Murata *et al.*, 2000.

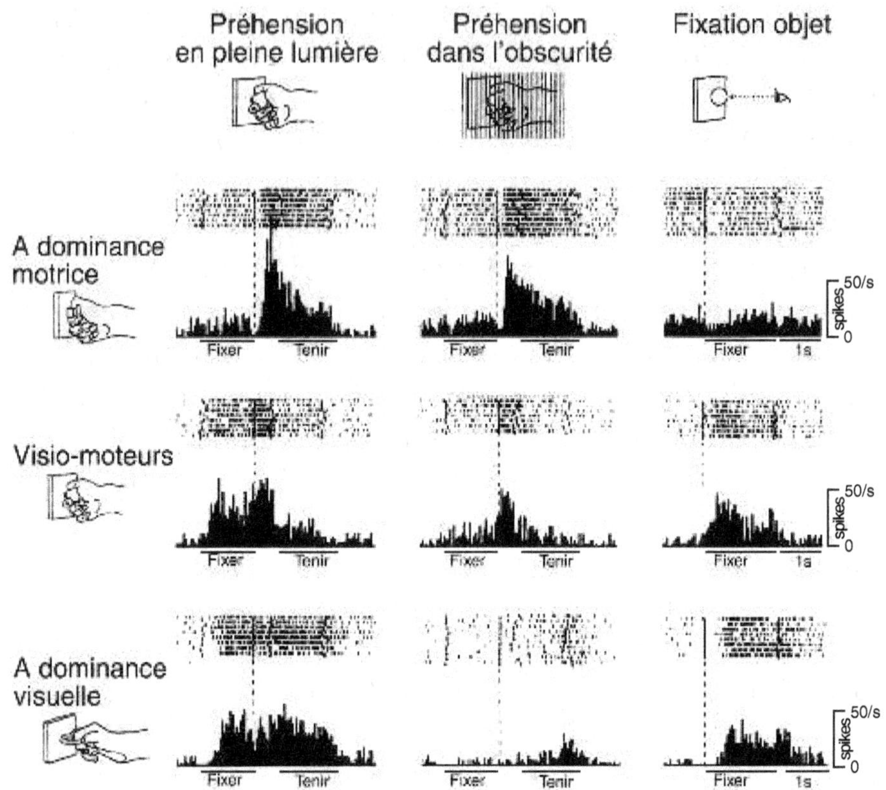

Fig. 2.3. Différents types de neurones de AIP. Les paradigmes expérimentaux dans les situations de préhension en pleine lumière et de fixation des objets étaient identiques aux paradigmes relatifs à la préhension d'un objet ou à la seule fixation illustrés dans la figure 2.2. La situation de préhension dans le noir comprenait un essai initial où le singe voyait l'objet dans un récipient déjà éclairé ; ensuite, la lumière était éteinte, et les essais suivants se déroulaient dans l'obscurité. Les objets étaient présentés en bloc. Les essais particuliers et les histogrammes de réponse sont alignés sur le signal « Allez ! » dans les conditions de préhension et avec le début de la tâche dans les conditions de fixation. (Adaptée de Murata *et al.* 2000.)

teurs les plus répandus dans le système nerveux central, l'acide γ-aminobutyrique (GABA).

Après l'inactivation de l'aire AIP, des singes dressés pour saisir des solides géométriques de forme, de taille et d'orientation différentes ont montré de notables difficultés à conformer la main controlatérale à l'hémisphère lésé aux caractéristiques des différents objets, surtout lorsqu'il s'agissait d'une prise de précision. Parfois, ils ont réussi à exécuter la tâche requise, mais uniquement après plusieurs corrections des mouvements des doigts, fondées sur l'exploration tactile de l'objet[11].

Des résultats analogues ont été obtenus par l'inactivation d'une portion de F5. Toutefois, dans ce dernier cas, on a constaté également un déficit évident dans la préfiguration de la main ipsilatérale, mais sans qu'il y ait pour autant de déficience motrice (figure 2.4) – ce qui prouve que, non seulement l'aire F5 exerce un contrôle bilatéral sur les mouvements de la main, mais que les insuffisances de transformations visuo-motrices réalisées en elle ne dépendent pas d'un pur déficit moteur[12].

L'hypothèse selon laquelle les transformations visuo-motrices liées à la préhension dépendent d'une manière essentielle du circuit AIP-F5 semble confirmée également par certaines recherches qui ont montré que des patients présentent d'importants déficits dans la préfiguration de la main, à la suite de lésions affectant la partie antérieure de la paroi latérale du sillon intrapariétal[13] – la même aire qui apparaît activée chez des individus normaux par la préhension ou la manipulation des objets[14].

Le circuit de la préhension

Mais de quelle façon les aires AIP et F5 interagissent-elles ? Quelles fonctions ont les neurones de ces aires dans

---

11. *Cf.* Gallese *et al.*, 1994.
12. *Cf.* Fogassi *et al.*, 2001.
13. Binkofski *et al.*, 1998.
14. Binkofski *et al.*, 1999.

Préhension avant l'injection de muscimol

Préhension après l'injection de muscimol

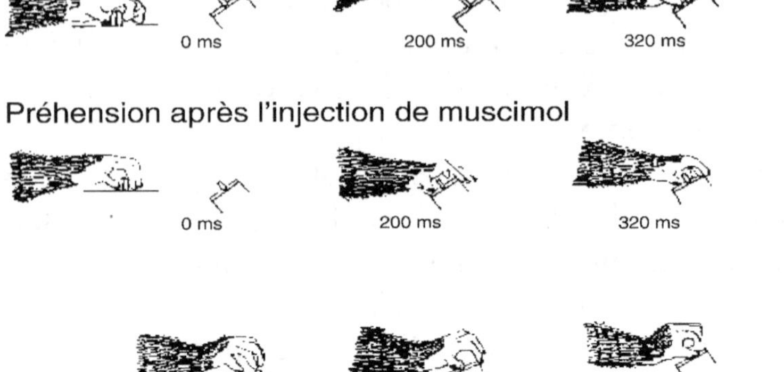

Fig. 2.4. Ces dessins reproduisent des arrêts sur images extraits de vidéos tournées avant et après l'inactivation temporaire d'une portion de F5 et se réfèrent aux phases de préfiguration de la main et de la prise d'un objet de petite taille. Le paradigme expérimental prévoyait que le singe soit assis en face d'un récipient contenant différents objets de forme et de grandeur différentes. La paroi du récipient placé devant l'animal était faite de matériaux à cristaux liquides. Chaque essai commençait lorsque le singe appuyait sur un interrupteur. Après 200 ms, la paroi du récipient devenait transparente afin que l'animal puisse voir les objets qui étaient placés à l'intérieur de la boîte. Après un intervalle de temps de 1,2 à 1,8 s, la paroi était baissée, et le singe pouvait atteindre et saisir les objets. Le temps indiqué sous chaque figure est calculé à partir du début du mouvement de la main. (Adaptée de Fogassi *et al.*, 2001.)

le formatage de l'information visuelle en commande motrice requise pour l'exécution d'un acte ?

Nous savons qu'une des propriétés fondamentales des neurones à dominante oculaire et des neurones visuo-moteurs de l'aire AIP est de répondre sélectivement à des stimuli tridimensionnels. Certains d'entre eux répondent à des objets sphériques, d'autres à des objets cubiques, d'autres encore à des objets plats, etc. Si nous reprenons la notion d'*affordance*, introduite il y a quelques années par James J. Gibson[15], alors la signification fonctionnelle de ces réponses devient claire. Comme on le sait, pour Gibson, la perception visuelle d'un objet implique la sélection immédiate et automatique des propriétés intrinsèques qui nous permettent d'interagir avec lui. Celles-ci « ne sont pas seulement des propriétés physiques [ou géométriques] abstraites », elles incarnent également des *opportunités pratiques* que l'objet pour ainsi dire *offre* à l'organisme qui le perçoit[16]. Dans l'exemple de la tasse à café, les *affordances* visuelles offertes à notre système moteur concernent l'anse, le corps central, le bord supérieur, etc. Dès que nous voyons la tasse, ces *affordances* activent sélectivement des groupes de neurones de l'aire AIP. L'information visuelle ainsi parcellisée est alors transmise aux neurones visuo-moteurs de F5 ; ces derniers, toutefois, ne codent pas des *affordances* particulières, mais les actes moteurs qui leur sont congruents. L'information visuelle, ainsi traduite en information motrice, est envoyée sous ce format à l'aire F1 et à divers centres sous-corticaux pour l'exécution effective de l'action.

Il n'existe pas de données expérimentales qui nous permettent de décrire comment les réponses motrices adéquates à une préhension, une manipulation, etc., efficientes s'accordent progressivement aux aspects visuels des objets. Cependant, il est probable que dès les premières phases de la vie, chacun de nous associe les *affordances* des objets aux actes moteurs les plus efficaces pour interagir avec eux. Certes, il est probable qu'au début les informations visuelles qui arrivent à F5 soient quelque peu disparates, mais avec le temps, par l'intermédiaire des circuits de feed-back, seules resteront celles qui nous permettent d'avoir des

---

15. Gibson, 1979.
16. *Ibid.*, p. 206.

comportements moteurs appropriés. Une fois la capacité de conjuguer les *affordances* avec les typologies d'actes qui leur correspondent, notre système moteur sera en mesure d'accomplir toutes les transformations qui s'avèrent indispensables à la réalisation de n'importe quel acte, y compris prendre une tasse à café.

Il nous reste toutefois à clarifier un point. De nombreux objets, dont notre tasse, contiennent plus d'une *affordance*. Par conséquent, leur observation déterminera l'activation de plusieurs populations neurales dans l'aire AIP, dont chacune code une *affordance* déterminée. Il est vraisemblable que ces « propositions » d'action puissent être envoyées à l'aire F5, en déclenchant de véritables *actes moteurs potentiels*. Or, le choix d'une action adéquate ne dépendra pas seulement des propriétés intrinsèques de l'objet en question (forme, taille, orientation), mais aussi de ce que nous entendons faire de lui, des fonctions d'usage que nous lui attribuons, etc. Dans le cas de la tasse, par exemple, nous la saisirons de diverses façons selon que nous voulons la prendre pour boire un café, pour la laver ou, plus modestement, pour la déplacer. Déjà, dans le premier cas, la prise sera différente selon que nous craignons de nous brûler ou pas, selon les éventuels objets qui entourent la tasse, nos habitudes, notre inclination à respecter les bonnes manières, etc.

Au niveau cortical, l'analyse des mécanismes neuraux régissant des actes comme la préhension ne saurait faire abstraction des processus qui sous-tendent l'élaboration de ce genre d'information davantage liée à des instances motivationnelles et décisionnelles, et qui supposent l'implication du circuit AIP-F5, ainsi que d'autres aires localisées dans le lobe préfrontal, dans le lobe temporal inférieur (IT), et dans les aires du cortex cingulaire. On considère, en particulier, que le lobe frontal et les aires cingulaires jouent un rôle décisif dans le choix du type de prise, selon les finalités ou les motivations de la préhension (prendre une tasse pour boire ou pour la déplacer).

Il existe deux hypothèses quant au lieu où se produit ce choix. Certains pensent qu'il se produirait en F5[17]. Dans cette aire, l'acte moteur approprié serait sélectionné entre les divers actes moteurs potentiels indiqués par les informations provenant de l'aire AIP (figure 2.5). D'autres chercheurs cependant ont souligné que les connexions directes entre le lobe frontal et F5 sont assez ténues[18], alors qu'on sait depuis longtemps qu'il existe une forte connexion entre le cortex préfrontal et le lobe pariétal inférieur, l'aire AIP incluse[19]. Il est donc probable que la sélection ne se produise pas en F5, mais dans l'aire AIP, et que, par conséquent, elle concerne les *affordances* et non pas les actes moteurs. En d'autres termes, F5 recevrait les informations d'une seule *affordance* et c'est sur cette base que serait choisi l'acte moteur approprié.

À la sélection de type motivationnel doit être ajoutée la sélection liée à la reconnaissance de l'objet. Un crayon et une baguette en bois ont les mêmes *affordances*. Pourtant, pour écrire, je ne prends pas un crayon de la même manière qu'une baguette. Comme nous allons le voir bientôt, le codage des propriétés nécessaires à la reconnaissance des objets se produit dans le lobe temporal inférieur. Nous pouvons donc supposer que les informations qui proviennent de ce lobe et se terminent dans l'aire AIP constituent un facteur qui participe non seulement aux motivations, mais à la sélection des prises opportunes.

---

17. *Cf.*, par exemple, Fagg, Arbib, 1988.
18. *Cf.*, par exemple, Rizzolatti, Luppino, 2001.
19. Petrides, Pandya, 1984.

Les voies de la vision

L'idée selon laquelle le cortex pariétal postérieur joue un rôle crucial dans les transformations sensori-motrices nécessaires à l'exécution des actions guidées par la vue constitue également une thèse fondamentale du modèle d'organisation du système visuel proposé au début des années 1990 par Melvyn Goodale et David Milner[20].

Auparavant, le modèle dominant de l'organisation du système visuel cortical était celui de Leslie Ungerleider et de Mortimer Mishkin[21]. En reprenant les idées de David Ingle[22], de Colwyn B. Trevarthen[23] et de Gerarld E. Schneider[24], et en se fondant sur des données nouvelles et personnelles obtenues à partir de l'étude de lésions du cortex cérébral chez les singes, ils avaient affirmé qu'il existe deux voies (*streams*) qui conduisent l'information depuis le cortex visuel primaire (aire 17 ou VI) vers les centres supérieurs (figure 2.6 et diagramme de la figure 2.7). La première, située vers l'arrière (*dorsal stream*), se termine dans le lobe pariétal et elle est responsable de la localisation des objets. Cette voie a également été appelée la *voie du où* (*where stream*). La seconde, située en avant (*ventral stream*), se termine dans le lobe temporal et sert à la compréhension des propriétés des objets (*voie du quoi*, ou *what stream*).

---

20. Goodale, Milner, 1992.
21. Ungerleider, Miskin, 1982.
22. Ingle, 1967 ; Ingle, 1973.
23. Trevarthen, 1968.
24. Schneider, 1969.

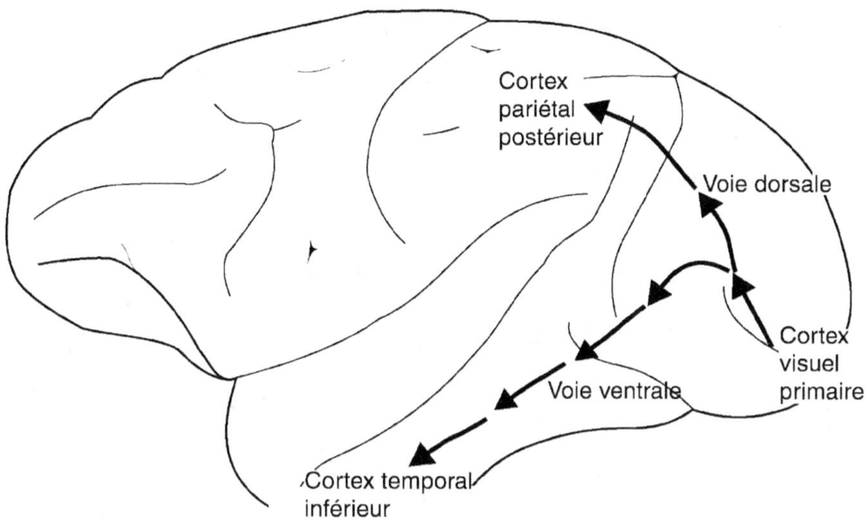

Fig. 2.6. Représentation schématique de l'organisation anatomique des deux voies de la vision selon le modèle proposé par Leslie Ungerleider et Mortimer Mishkin. La voie ventrale, la *voie du quoi*, est centrée sur l'aire V4 et connecte V1 aux aires du cortex temporal inférieur (IT), tandis que la voie dorsale, la *voie du où*, est centrée sur l'aire médio-temporale (MT) et rattache l'aire visuelle primaire V1 aux aires du cortex pariétal posté-rieur. Le modèle de David Milner et Melvyn Goodale est en accord avec ce schéma en ce qui concerne la voie ventrale, tandis qu'elle considère la voie dorsale comme responsable non pas du *où* (perception de l'espace), mais du *comment* (information visuelle, autrement dit, de l'information qui sert au contrôle des actions et non pas à la perception).

Tout en admettant l'idée que le système visuel se compose de deux régions fonctionnellement différentes, D. Milner et M. Goodale[25] ont cependant proposé une nou-velle interprétation de leurs fonctions. Une série d'expé-riences ingénieuses menées sur une patiente (DF), qui pré-sentait de vastes lésions occipito-temporales, ont montré qu'elle avait une vision relativement normale en ce qui

---

25. Milner, Goodale, 1995.

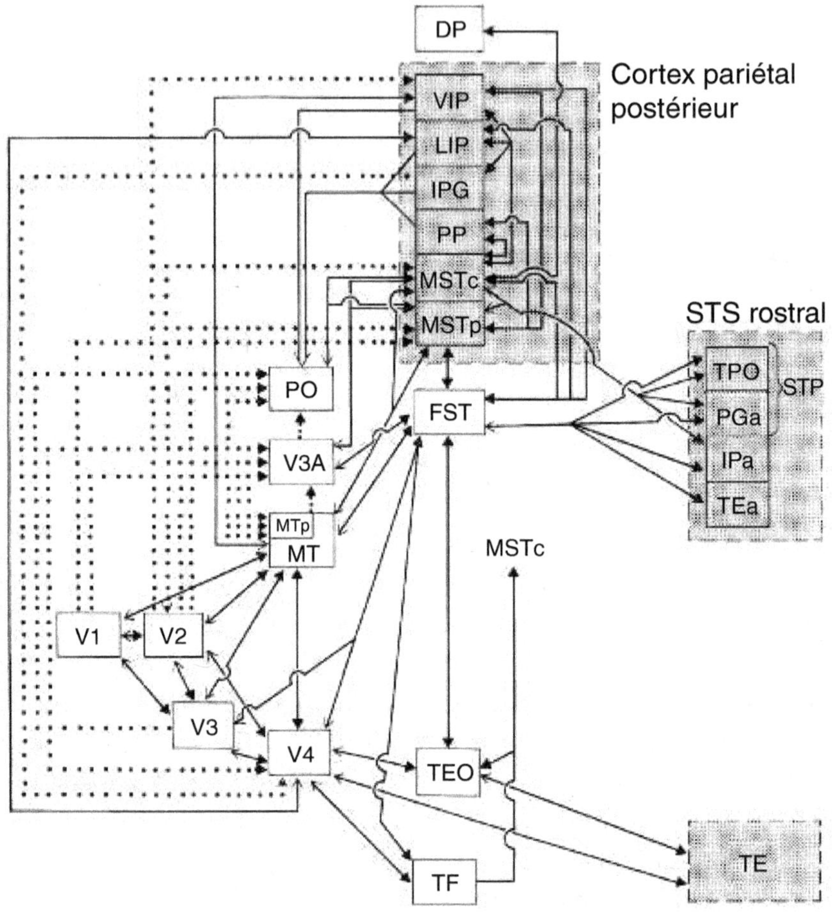

Fig. 2.7. Diagramme qui montre en détail les aires visuelles qui composent les deux voies et les connexions entre leurs différentes aires. (Adapté de Ungerleider, Mishkin, 1982.)

concernait les propriétés visuelles élémentaires (comme, par exemple, l'acuité visuelle), mais qu'elle était incapable de distinguer les formes géométriques, y compris les plus simples. Particulièrement intéressante était la dissociation entre son déficit profond dans la discrimination des formes et la préservation de sa capacité d'agir sur les objets. DF était capable de saisir de façon adaptée des objets d'usage courant – elle attrapait convenablement une balle qui lui était lancée et même un bâton – bien que la prise de ce dernier impliquât l'extrapolation de dynamiques de mouvement complexes.

En se fondant sur ces observations, et sur des données obtenues chez des sujets normaux qui, dans certaines conditions expérimentales, montraient une capacité d'agir sans être conscients de leur action, D. Milner et M. Goodale ont conjecturé que la différence fondamentale entre ces deux voies ne consistait pas, comme l'affirmaient L. Ungerleider et M. Mishkin, dans le type de percept (espace *vs* objets) obtenu par le traitement de l'information visuelle, mais dans l'utilisation que les centres supérieurs font de cette information. La voie ventrale véhicule les informations nécessaires à la perception des stimuli, tandis que la voie dorsale véhicule les informations nécessaires au contrôle de l'action. Une proposition similaire a été présentée, durant ces mêmes années, par Marc Jeannerod[26], qui a distingué un « traitement sémantique » et un « traitement pragmatique » de l'information. Le premier, qui permet la compréhension consciente du monde extérieur, relève de la voie ventrale ; le second, qui sert à la programmation motrice, ressortit à la voie dorsale.

Bien que le mérite du modèle de Goodale et Milner soit de dépasser la conception monolithique de l'organisation visuelle corticale, en reconnaissant à cette dernière une valeur non seulement perceptive mais motrice, la solution dichotomique qu'il propose apparaît trop rigide pour rendre compte des tableaux cliniques consécutifs à des lésions des lobes pariétaux, et de la complexité fonctionnelle de ces derniers. En outre, en vertu de sa thèse centrale, fondée sur une séparation nette entre perception et action, il risque de réduire la perception à une simple

---

26. Jeannerod, 1994 ; *cf.* également Jacob, Jeannerod, 2003.

figuration iconique des propriétés visuelles de l'objet et de résoudre l'action dans les processus de contrôle en temps réel des transformations sensori-motrices[27].

En ce qui concerne les cadres cliniques, le modèle Goodale et Milner apparaît particulièrement faible dans l'explication de la négligence, un syndrome neurologique qui se manifeste de façon caractéristique par des lésions du lobe pariétal inférieur droit. Les patients atteints du syndrome de négligence ne perçoivent plus les stimuli qui proviennent de l'espace controlatéral à la lésion[28]. Si, par exemple, ils sont interpellés par un examinateur qui se trouve à leur droite, ils répondent normalement ; en revanche, si quelqu'un les interpelle à leur gauche, soit ils ne répondent pas, soit ils cherchent l'examinateur à leur droite. Lorsqu'ils mangent, ils négligent la moitié gauche du contenu de leur assiette. Si on leur demande de recopier un dessin, ils n'en reproduisent que la partie droite. En bref, les patients atteints de négligence « perdent » l'espace controlatéral à la lésion ou, pour reprendre les termes d'Ennio De Renzi, leur espace est « tronqué[29] ». Il est donc clair que la voie dorsale ne se limite pas à un contrôle du mouvement, mais qu'elle intervient également dans les processus perceptifs liés, par exemple, à la représentation de l'espace (voir chapitre 3).

À ces considérations cliniques doivent être ajoutées des données anatomiques. Nous avons déjà souligné (p. 16-23) l'extrême parcellisation anatomique tant du lobe pariétal supérieur (SPL) que du lobe pariétal inférieur (IPL) et l'importance de l'analyse des connexions pariéto-frontales pour la compréhension de l'architecture anatomo-fonctionnelle du système moteur. À présent, si nous consi-

---

27. Pour une approche critique du modèle Goodale-Milner, voir également Gallese *et al.*, 1999.

28. Bisiach, Vallar, 2000.

29. De Renzi, 1982.

dérons les circuits le long desquels est traitée et transmise l'information visuelle, nous remarquons que la voie dorsale possède une articulation bien plus complexe que celle que lui attribuent les modèles d'Ungerleider-Mishkin et de Goodale-Milner. Les nouvelles connaissances anatomo-fonctionnelles nous permettent d'envisager la possibilité d'une subdivision ultérieure en deux voies distinctes : une voie *dorsale-ventrale* et une voie *dorsale-dorsale* (figure 2.8).

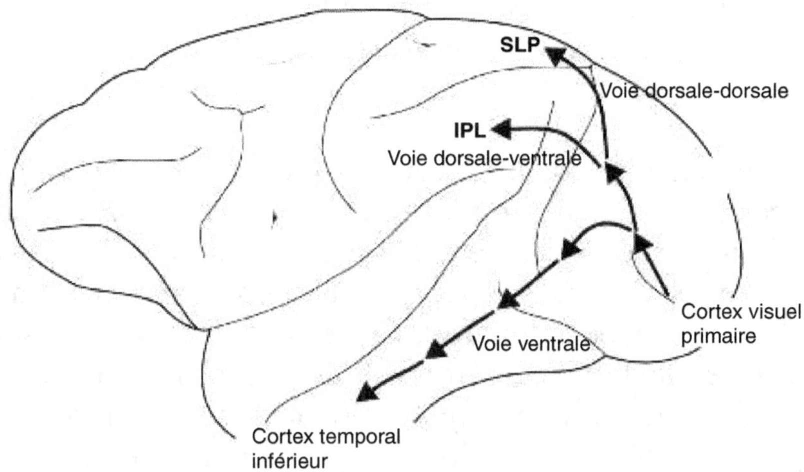

Fig. 2.8. Les trois voies de la vision dans le cerveau du singe. La voie ventrale est la même que dans les modèles précédents (*cf.* figure 2.6), la voie dorsale est subdivisée en une voie *dorsale-ventrale* qui se termine dans le lobe pariétal inférieur (IPL), et une voie *dorsale-dorsale* qui rejoint le lobe pariétal supérieur (SPL).

La voie dorsale-ventrale a pour centre d'élaboration et de triage fondamental l'aire MT/V5, autrement dit l'aire qui, comme nous l'avons vu, était considérée comme l'aire nodale du système visuel dorsal (*cf.* figure 2.6), tandis que le centre analogue pour la voie dorsale-dorsale est l'aire V6 (figure 2.9). MT/V5 et V6 possèdent des caractéristiques fonctionnelles communes qui justifient son attribution à la voie dorsale[30]. Toutefois, elles diffèrent notablement en ce qui concerne leurs *outputs* : tandis que MT/V5 se projette principalement vers les aires du lobe pariétal inférieur (IPL), V6 constitue la principale source d'information visuelle pour le lobe pariétal supérieur (SPL). En outre, des expériences récentes ont montré que IPL a un large accès aux informations visuelles, surtout en ce qui concerne l'espace et les mouvements biologiques codés dans le sillon temporal supérieur (STS), en particulier dans la région connue comme l'aire polysensorielle temporale supérieure (STP) – ce qui, en revanche, n'est pas le cas pour SPL[31].

En conclusion, il est impossible de faire entrer entièrement la voie dorsale dans le cadre d'une caractérisation fonctionnelle univoque. La voie dorsale-dorsale apparaît en effet comme une voie impliquée exclusivement, ou presque, dans l'organisation des activités motrices dotées des caractéristiques de contrôle en temps réels postulées par Milner-Goodale et par M. Jeannerod. En revanche, la voie dorsale-ventrale et le lobe perceptif-moteur révèlent une multiplicité de fonctions perceptivo-motrices qui échappent au simple contrôle de l'action et permettent de dépasser n'importe quelle opposition abstraite – indépendamment du fait qu'elle concerne la nature des percepts (objets *vs* espace, comme l'affirmaient Ungerleider et Mishkin) ou qu'elle investit l'utilisation des informations (vision-pour-la-perception *vs* vision-pour-l'action, selon le modèle de Goodale et de Milner).

---

30. *Cf.* Galletti *et al.*, 1999 ; Galletti *et al.*, 2001 ; Gamberini *et al.*, 2002.
31. *Cf.* Rizzolatti, Matelli, 2003.

Le vocabulaire des actes

Dans les chapitres suivants, nous étudierons les différents mécanismes d'interaction sensori-motrice et l'entrelacement entre perception et action qui en résulte. Mais, pour l'heure, nous devons revenir sur les questions que nous avons laissées en suspens dans l'analyse des propriétés des neurones de F5 et de l'aire intrapariétale antérieure 5 (AIP) et qui, à la lumière des considérations que nous venons de faire sur l'organisation anatomo-fonctionnelle composite de ce qu'on appelle la *voie dorsale*, acquièrent une importance décisive.

Comme nous l'avons vu (p. 29-31), l'aspect le plus surprenant qui a résulté de l'enregistrement des neurones particuliers de F5 est leur sélectivité de certains types d'actes (saisir, tenir, arracher, etc.), ainsi qu'à l'intérieur de ces actes, leur sélectivité de certaines modalités d'exécution particulières et de temps d'activation déterminés. D'où l'idée que l'aire F5 contient une sorte de *vocabulaire* d'actes moteurs, dont les *mots* seraient représentés par des populations de neurones. Certaines de ces populations indiquent le but général de l'acte (tenir, saisir, casser, etc.), d'autres indiquent la façon dont un acte moteur spécifique peut être exécuté (prise de précision, prise avec les doigts, etc.) ; d'autres, enfin, indiquent la segmentation temporelle de l'acte dans les mouvements élémentaires qui le composent (ouverture de la main, fermeture de la main).

L'interprétation de F5 en termes de vocabulaire d'actes a des implications fonctionnelles importantes. Tout d'abord, l'existence de neurones qui répondent à des actes moteurs spécifiques explique pourquoi nous interagissons avec les objets presque toujours de la même manière. La tasse admet un nombre considérable de prises possibles. En réalité, cependant, nous n'en exploitons que quelques-unes. Par exemple, nous ne la soulevons jamais en prenant l'anse avec l'annulaire et le majeur. C'est probablement dû à un mécanisme d'apprentissage qui a débuté dans l'enfance et qui est fondé sur le succès de l'action (« renforcement moteur »), avec pour conséquence la sélection des neurones de F5 qui codent les actes dotés d'une plus grande efficacité. En outre, ce vocabulaire facilite l'association entre ces actes et les *affordances* visuelles extraites par les neurones de l'aire AIP. Enfin, il offre au système moteur un « réservoir » d'actions qui est à la base des fonctions cognitives traditionnellement attribuées aux systèmes sensoriels et dont nous aurons l'occasion de parler dans les prochains chapitres.

Tout cela concerne les propriétés motrices des neurones de F5. Nous savons, cependant, qu'un certain pourcentage décharge *aussi bien* durant l'exécution effective de l'action *que* durant la simple observation de l'objet, montrant une congruence élevée entre la sélectivité des réponses *motrices* (type de prise) et celle des réponses *visuelles* (type de forme, taille, orientation de l'objet). Les réponses enregistrées dans des situations où un objet est présenté sans qu'aucune tâche motrice soit requise apparaissent immédiates, constantes et spécifiques. Nous serions donc tentés de les interpréter en termes purement « visuels ». Pourtant, les mêmes neurones activés dans ces circonstances répondent également lorsque l'exécution d'une action est requise dans des conditions de lumière ou d'obscurité – ce qui justifierait leur classification comme neurones « moteurs ».

La seule façon de comprendre le comportement de ces neurones consiste peut-être à reconnaître la même signification fonctionnelle aussi bien aux réponses visuelles qu'aux réponses motrices. Les messages envoyés par les neurones visuo-moteurs de F5 aux autres centres sont exactement les mêmes lorsque le singe interagit avec un objet déterminé (nourriture ou solides géométriques) que lorsqu'il se limite à l'observer. Dans le cas d'une exécution effective de l'acte, la décharge du neurone représente l'activation d'un ordre moteur, par exemple « prends avec une prise de précision ». Mais que se passe-t-il dans le cas d'une simple observation ? Si le neurone décharge de la même manière, sa réponse reflète l'évocation d'une configuration motrice identique à celle qui est codée lorsque l'animal bouge, mais qui, au contraire, demeure au stade d'*acte potentiel*. Cela se produit automatiquement chaque fois que le singe regarde ce type d'objet. Pour que la décharge du neurone se traduise en acte effectif, l'intervention d'autres aires est nécessaire, parmi lesquelles, par exemple, F6 qui reçoit de fortes afférences du lobe préfrontal et qui est en mesure de moduler le comportement moteur en inhibant ou en déclenchant sa réalisation. Ici, toutefois, ce n'est pas le contrôle ou l'exécution du mouvement qui nous intéresse, mais les fonctions qui devraient être attribuées au vocabulaire d'actes, y compris en l'absence d'une réelle contingence motrice ou d'une intention explicite d'agir.

Ce qui caractérise l'évocation d'un acte moteur potentiel, en effet, ce n'est pas uniquement la spécification des paramètres liés à l'exécution effective des différents mouvements ; quant à sa fonction, elle ne saurait être décrite dans les termes d'une représentation purement formelle des divers stades qui contribuent à définir un acte et à le différencier des autres. Par exemple, dans le cas de la saisie, la représentation de la position et de la configuration initiale de la main, et des commandes motrices qui permettraient de réaliser tous les passages intermédiaires (mouvement de l'avant-bras, rotation du poignet, extension des doigts, etc.) nécessaires à l'accomplissement de l'action. En fait, dans la mesure où il apparaît irréductible aux mouvements particuliers qui le composent, l'acte potentiel évoqué (comme saisir avec la main ou avec la bouche) comporte la référence à un type d'objets déterminés (ceux précisément qui peuvent être saisis avec la main ou avec la bouche), caractérisés par leurs opportunités visuo-motrices[32].

Reprenons l'exemple de notre tasse à café : l'extrapolation et l'élaboration des informations sensorielles relatives à la forme, à la taille et à l'orientation de l'anse, du bord supérieur, etc., relèvent du processus de sélection des modalités de prise, en suggérant la série des mouvements (en commençant par ceux relatifs à la préfiguration de la main) qui interviennent chaque fois dans l'acte de la saisie. Le succès ou l'échec de ce dernier dépendra de nombreux facteurs, au nombre desquels figure notre capacité d'exécuter et de contrôler chacun des processus moteurs requis – ce qui n'empêche pas que, dans l'un et l'autre cas, la tasse fasse office de *pôle d'acte virtuel* lequel, par sa nature relationnelle définit et, dans le même temps, est défini par la configuration motrice qu'il active.

Le fait que les neurones de F5 et de l'aire AIP répondent également aux présentations d'objets dans des contextes expérimentaux qui impliquent des réponses comportementales différentes (comme le fait de saisir et de fixer l'objet sans le prendre) indiquerait que la façon dont les aspects sensoriels des objets sont codés est la même. En d'autres termes, la vue de la tasse ne serait qu'une forme préliminaire d'action, une sorte d'invitation à agir qui, indépendamment du fait qu'elle soit suivie ou non d'une réponse, caractérise la tasse comme un objet qui *doit* être pris par l'anse, avec les deux doigts, etc., en l'identifiant ainsi en fonction de la possibilité motrice qu'elle recèle.

Si nous revenons au modèle décrit ci-dessus (p. 41-43), cela signifie que la sélection des *affordances* visuelles accomplie dans l'aire AIP, et l'activation subséquente en F5 des actes moteurs potentiels qui leur sont conformes, ne se

---

32. *Cf.* Livet, 1997.

traduirait pas seulement par la transmission de l'information aux parties exécutives du système (à commencer par F1), mais établirait une corrélation entre le type de prise et le type d'objet codé. Dès lors que celle-ci se révèle efficace, non seulement les connexions établies par le circuit AIP-F5 faciliteraient la réactivation des réponses appropriées au *stimulus* visuel, mais finiraient par en consolider la caractérisation en termes de possibilités d'action : saisissable avec le pouce et l'index, à pleine main, avec tous les doigts, etc.

Certes, l'objet peut présenter des *affordances* différentes. Toutefois, la possibilité même d'une multiplicité d'expériences motrices différentes, rattachées à un même *stimulus* objectuel, ouvrirait la voie à une forme de catégorisation ultérieure qui ne distinguerait plus les objets en termes de saisie possible avec la main ou avec la bouche, par telle ou telle prise, mais en termes plus généraux de *grands* ou de *petits* – ces locutions devant être comprises dans une acception essentiellement pratique, en indiquant un style, ou mieux une *mesure* d'action, partagée par des réponses motrices par ailleurs différentes[33].

Voir avec la main

« Nous voyons parce que nous agissons et nous pouvons agir précisément parce que nous voyons », écrivait, il y a environ un siècle, George Herbert Mead, en soulignant que la perception serait incompréhensible « sans le contrôle continu de la vue par la main, *et réciproquement*[34] ». C'est ce *contrôle* mutuel qui nous permet de

---

33. *Cf.* Rizzolatti, Gallese, 1997.
34. Mead, 1907, p. 388.

saisir un objet comme une tasse à café. Mais l'analyse de la transformation visuo-motrice opérée par les neurones de l'aire AIP et de F5 indique que la vue qui guide la main est aussi, pour ne pas dire surtout, un voir *avec* la main, par rapport auquel l'objet perçu apparaît immédiatement codé comme un ensemble déterminé d'*hypothèses d'actions*[35]. La congruence entre la sélectivité visuelle et la sélectivité motrice des neurones des aires F5 et AIP montre, en effet, qu'au-delà des paramètres destinés à en régler l'exécution effective, et indépendamment de cette dernière, les actes potentiels évoqués préfigurent un sens à l'objet « perçu », qui concourt à le déterminer comme *tel ou tel objet saisissable* par *telle ou telle prise*, en lui attribuant ainsi une « valeur significative » qu'il ne pourrait avoir autrement[36]. En d'autres termes, c'est comme si les neurones de F5 et de AIP « réagissaient non pas à un simple stimulus, en tant que tel, c'est-à-dire à sa forme, à son aspect sensoriel, mais à la *signification* qu'il revêt pour le sujet » en action – or, « réagir à une signification équivaut à "comprendre[37]" ».

Il est certain que cette « compréhension » a une nature éminemment « pragmatique » et qu'elle ne détermine en soi aucune représentation « sémantique » de l'objet, sur la base de laquelle, par exemple, il serait identifié et reconnu comme une *tasse à café*, et non pas simplement comme un *objet saisissable avec la main*[38]. Les neurones de F5 et de l'AIP répondent uniquement à certains traits des objets (forme, taille, orientation, etc.) et leur sélectivité est significative en tant que ces traits sont interprétés comme autant de systèmes d'*affordances* visuelles et d'actes moteurs potentiels. En revanche, les neurones qui peuplent les aires du cortex temporal inférieur codent les profils, les couleurs

---

35. *Cf.* Mead, 1938, p. 23-25.
36. Gallese, 2000, p. 31.
37. Petit, 1999, p. 239.
38. *Cf.* Jeannerod, 1994, 1997.

et les trames des objets, en traitant l'information sélectionnée en images qui, une fois mémorisées, permettraient de les reconnaître dans leurs caractéristiques visuelles.

Mais cela est-il suffisant pour ramener la distinction anatomique entre la voie *ventrale* et les voies *dorsales* à l'opposition fonctionnelle entre une *vision-pour-la-perception* et une *vision-pour-l'action* ? Nous ne le pensons pas – à moins de réduire la *perception* à une représentation iconique des objets, à la représentation d'un *quoi*, indépendante de n'importe quel *où* et de n'importe quel *comment*, et de ramener l'*action* à une intention qui discrimine peut-être un *comment* d'un *où*, mais qui n'a rien à voir avec un *quoi*. Autrement dit, à moins de réduire le processus perceptif à une simple identification de figures (d'*idées*, au sens littéral du terme), dégagées de toute prégnance motrice et élevées au rang de seul véhicule possible de signification, et de fragmenter le sens de l'action en une simple succession de mouvements en soi privés de corrélat objectuel.

Il ne s'agit pas de nier le fait que les aires du cortex temporal inférieur (*voie ventrale*) contribuent à la catégorisation des objets, autrement dit à leur identification et à leur éventuelle conceptualisation. Mais il importe de comprendre que le système moteur ne saurait être confiné à des tâches exécutives ou de contrôle. Ainsi, même dans le cas d'un acte aussi élémentaire que la préhension, le vocabulaire contenu dans le circuit AIP-F5 comporte une interaction continue entre perception et action qui, aussi « pragmatique[39] » soit-elle, joue un rôle décisif dans la constitution du sens des objets, sans lequel une grande partie des fonctions dites cognitives d'« ordre supérieur » pourraient difficilement avoir lieu.

Le comportement des neurones des aires F5 et AIP nous permettrait ainsi de redéfinir la perception dans le

---

39. Jacob, Jeannerod, 2003.

sens indiqué en son temps par Roger Sperry, c'est-à-dire comme une « préparation implicite » de l'organisme à « répondre » et à « agir[40] » – et de saisir au niveau cortical cette dimension motrice de l'expérience qui, comme le dit Merleau-Ponty, « nous fournit une manière d'accéder [...] à l'objet [...] originale », pour ne pas dire originaire : « Dans le geste de la main qui se lève vers un objet est enfermée une référence à l'objet [...] comme cette chose très détermi-née vers laquelle nous nous projetons, auprès de laquelle nous sommes par anticipation[41] ».

Peu importe que nous le soyons sous forme d'un « saisir-avec-la-main-et-avec-la-bouche » ou uniquement d'un « saisir-avec-la-main », d'un « tenir » ou d'un « arracher », etc. Ce qui compte, et ce que l'analyse des transformations sensori-motrices nous montre, c'est que dans ces actes, qu'ils soient effectivement exécutés ou potentiellement évoqués, prennent corps ces « activités d'orientation, de préhension », ces « chaînes d'intervention motrice » qui, comme l'ont souligné Jean-Pierre Changeux et Paul Ricœur dans un dialogue récent, « contribuent à configurer le monde comme un milieu praticable, jalonné de chemins, d'obstacles, bref à constituer un monde habitable[42] ». Du reste, comme nous le verrons dans les pages suivantes, la constitution d'un tel « monde » ne dépend pas seulement du fait que nous prenons tel ou tel objet (ou bien de notre rapidité à exécuter cet acte), mais de notre propre capacité à bouger, à nous orienter dans l'espace environnant, et à « saisir » les actions et les intentions d'autrui.

---

40. Sperry, 1952.
41. Merleau-Ponty, 1945, p. 164, 161.
42. Changeux, Ricœur, 1998, p. 173.

CHAPITRE 3

L'ESPACE AUTOUR DE NOUS

Atteindre les objets

Notre analyse des mécanismes corticaux impliqués dans la préhension d'un objet, comme une tasse à café, a porté jusqu'à présent sur ceux qui concourent à définir l'acte de *sa saisie*. Dès le début, cependant, nous savions que, pour prendre un objet, il nous faut *l'atteindre*, et que, pour ce faire, nous avons besoin de le localiser, en mesurant pour ainsi dire sa position par rapport aux parties de notre corps concernées par le mouvement – par exemple, le bras. Pour diriger notre bras vers la tasse, notre cerveau doit accomplir une série de tâches allant du codage des relations spatiales existant entre notre membre et l'objet jusqu'à la transformation de ces informations en ordres moteurs appropriés. Comme dans le cas de la saisie, ces processus présupposent des interactions cortico-corticales spécifiques entre des aires déterminées du lobe pariétal postérieur et du cortex frontal agranulaire.

Dans le premier chapitre, nous avons vu que le cortex prémoteur ventral contient l'aire F5 ainsi que l'aire F4, qui en occupe la portion dorso-caudale et qui reçoit de nombreuses afférences du lobe pariétal inférieur, en particulier de l'aire intrapariétale ventrale (VIP). Des expériences de microstimulation électrique intracorticale ont montré qu'en F4 sont représentés les mouvements du cou, de la bouche et du bras, ces derniers dirigés soit vers des parties du corps, soit vers des positions déterminées de l'espace[1]. En outre, l'enregistrement de certains neurones particuliers a révélé que la plupart d'entre eux non seulement s'activent durant l'exécution d'actes moteurs, mais qu'ils répondent aussi à des stimuli sensoriels[2]. Ces neurones ont pu être ainsi subdivisés en deux groupes : des neurones « somato-sensoriels » et des neurones « somato-sensoriels et visuels », dits également « neurones *bimodaux*[3] ». Récemment ont été également décrits des neurones trimodaux, c'est-à-dire des neurones capables de répondre à des stimuli somato-sensoriels, visuels et auditifs[4].

La majorité des neurones *somato-sensoriels* de F4 sont activés par des stimuli tactiles superficiels : il suffit souvent d'une simple caresse ou d'un léger toucher de la peau pour qu'ils répondent. Leurs *champs récepteurs somato-sensoriels* sont localisés sur le visage, le cou, les bras et les mains, et sont assez étendus, de l'ordre de quelques centimètres carrés.

Les neurones bimodaux présentent des caractéristiques somato-sensorielles analogues à celles des neurones somato-sensoriels purs. Ces derniers, toutefois, sont également activés par des stimuli visuels, en particulier par des objets tridimensionnels. La plupart d'entre eux préfèrent des stimuli en mouvement (notamment les stimuli de rapprochement) plutôt que stationnaires – même s'il existe un certain nombre de neurones qui déchargent d'une manière

---

1. Gentilucci *et al.*, 1998 ; Godschalk *et al.*, 1984.
2. Rizzolatti *et al.*, 1981 a, b.
3. Fogassi *et al.*, 1992, 1996a, b ; Graziano *et al.*, 1994.
4. Graziano *et al.*, 1999.

significative en présence d'objets au repos[5]. Quoi qu'il en soit, les neurones bimodaux de F4 répondent à un stimulus visuel *uniquement* si celui-ci est présenté à proximité de leur champ récepteur tactile, autrement dit, à l'intérieur de cette portion spécifique d'espace qui détermine leur *champ récepteur visuel* et qui représente une extension du *champ récepteur somato-sensoriel*.

La figure 3.1 montre les champs récepteurs bimodaux de certains neurones de F4. On remarquera que les champs récepteurs visuels sont toujours disposés autour de leurs champs récepteurs somato-sensoriels respectifs. Ils possèdent des formes et des dimensions différentes, avec une profondeur qui varie de quelques centimètres à 40-50 centimètres. Cette organisation explique que le même neurone qui décharge quand nous effleurons, par exemple, l'avant-bras du singe, s'active lorsque notre main s'approche de son avant-bras en entrant dans son champ récepteur visuel. Si tout cela vous laisse sceptique, essayez d'approcher la main de votre joue : vous la sentirez sur votre peau, avant même de la toucher – comme si l'espace cutané de votre joue embrassait l'espace visuel qui l'entoure.

Entre des stimuli visuels et des stimuli somatiques, il existe bien plus qu'une simple « équivalence ». Comme le souligne Alain Berthoz : « La proximité est déjà contact par anticipation de la zone du corps qui sera touchée[6]. » C'est en vertu de cette anticipation que le corps peut, pour ainsi dire, définir l'espace qui l'entoure, en localisant ses propres organes (bras, bouche, cou, etc.), ainsi que les objets (mobiles ou stationnaires) qui leur sont visuellement proches.

---

5. Fogassi *et al.*, 1996a ; Graziano *et al.*, 1997.
6. Berthoz, 1997, p. 96.

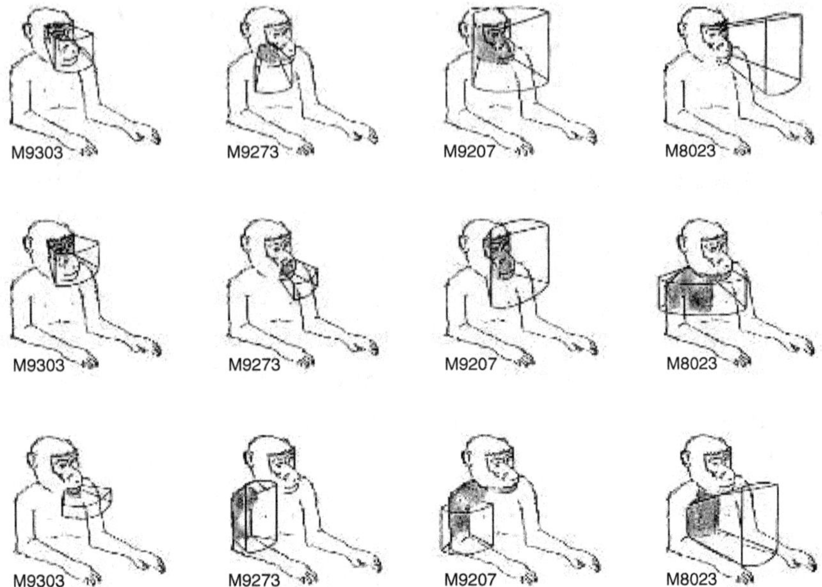

Fig. 3.1. Champs récepteurs somato-sensoriels et visuels de certains neurones bimodaux de F4. Les aires *en gris* indiquent les champs récepteurs somato-sensoriels, tandis que les solides autour des différentes parties du corps décrivent les champs récepteurs visuels. (Adapté de Fogassi *et al.*, 1996a.)

Les coordonnées du corps

La découverte la plus étonnante concernant l'aire **F4**, c'est que les champs récepteurs visuels de la plupart des neurones bimodaux demeurent ancrés dans leurs champs récepteurs somato-sensoriels respectifs et se révèlent donc indépendants de la direction du regard[7].

Considérons la figure 3.2 qui illustre une expérience visant à étudier les propriétés du champ récepteur visuel, et

____

7. Gentilucci *et al.*, 1983 ; Fogassi *et al.*, 1996a, b.

son lien avec le champ somato-sensoriel, d'un neurone bimodal de F4. Dans la situation A1, le singe regarde droit devant lui, en fixant le point indiqué par l'astérisque, tandis que le stimulus visuel (flèche noire) s'approche de lui en se déplaçant à une vitesse constante dans son champ récepteur visuel (zone en gris). D'après l'histogramme qui indique les temps et les modalités d'activation du neurone, il est évident que le neurone commence à répondre alors que le stimulus parvient à environ 40 centimètres de l'animal. Dans la situation B, le singe regarde toujours droit devant lui mais, à présent, le stimulus se déplace à gauche du point de fixation, et en dehors du champ récepteur visuel. La réponse du neurone est égale à zéro.

Dans la situation A2, le regard du singe est dévié à gauche d'environ 30°. De façon surprenante, même si, du point de vue rétinien, le stimulus suit une trajectoire très différente, la réponse du neurone est à peu près analogue à celle qui est enregistrée en A1. Enfin, en B2, le regard du singe est encore dévié à gauche d'environ 30°, comme en A2. Toutefois, le stimulus se déplace à droite par rapport à la fixation du point : si le champ récepteur était rétinien, le stimulus entraînerait une réponse du neurone semblable à celle constatée en A1. Mais l'histogramme indique clairement que le neurone ne s'active pas.

L'expérience montre ainsi que le champ récepteur visuel du neurone ne dépend pas de la position du stimulus sur la rétine. Si tel était le cas, la déviation du regard chez le singe s'accompagnerait d'un déplacement analogue du champ récepteur visuel. Or, ça n'a pas lieu. Les résultats de nombreuses expériences montrent que cela vaut pour environ 70 % des neurones bimodaux de F4, dont les champs récepteurs visuels apparaissent reliés à leurs champs somato-sensoriels, en codant les stimuli spatiaux dans des coordonnées non pas rétiniennes mais somatiques.

À ce propos, il convient de remarquer que, contrairement à ce qu'ont affirmé divers théoriciens du mouvement,

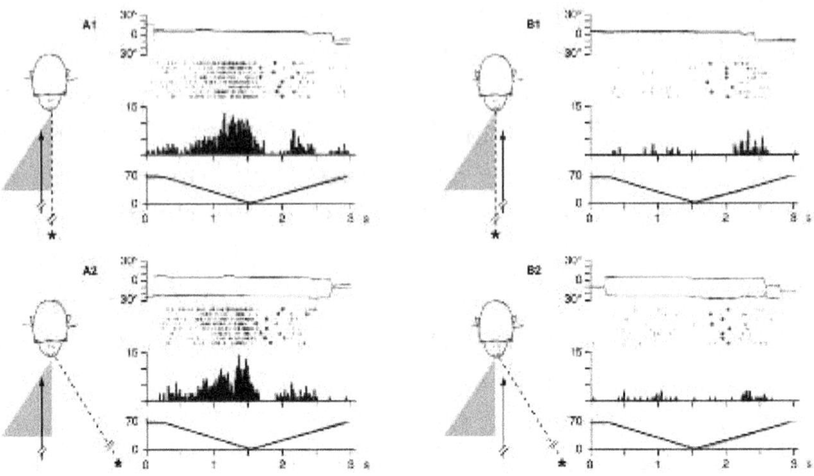

Fig. 3.2. Neurone bimodal de F4 avec un champ récepteur visuel ancré au corps. Chaque panneau montre (de haut en bas) des mouvements oculaires horizontaux et verticaux, les décharges neurales durant chaque essai, l'histogramme de réponse (abscisse : temps, ordonnée : *spikes/bin*, amplitude *bin* 20 ms) et la variation dans le temps de la distance entre le stimulus qui s'approche et la tête du singe. La partie descendante de la courbe indique le mouvement du stimulus vers le singe, celle ascendante le mouvement du stimulus qui s'éloigne du singe (abscisse : temps en secondes ; ordonnée ; distance en centimètres). Le champ récepteur tactile est localisé dans l'hémiface droite. Le champ récepteur visuel est placé autour du champ récepteur tactile. (Adapté de Fogassi *et al.*, 1966a.)

ces coordonnées ne renvoient pas à un seul système de références, situé sur une partie spécifique du corps, comme la tête ou les épaules. Le fait que les champs récepteurs visuels des neurones bimodaux de F4 soit localisés autour des champs somato-sensoriels indique que l'espace visuel est codé par une multiplicité de systèmes de référence corporels différents, distribués selon le champ récepteur somato-sensoriel qui lui correspond. Il existe ainsi des systèmes de coordonnées centrés sur la tête, sur le cou, le bras, la main, etc. ; en étant solidaires des champs récepteurs sensoriels où ils prennent origine, ces systèmes contribuent à localiser les stimuli visuels présents dans l'espace environnant par rapport aux divers effecteurs auxquels ils sont ancrés.

À présent, imaginons que nous sommes le mannequin représenté sur la figure 3.3 et que nous fixons comme lui un point du clavier de notre ordinateur (figure 3.3A). Si nous levons les yeux et que nous tournons le regard vers l'écran devant nous (figure 3.3B), les champs récepteurs visuels (*solidaires des arêtes jaunes*), ancrés aux champs récepteurs somato-sensoriels (*surface en gris*) placés autour de notre bouche et de notre avant-bras, demeurent dans la même position qu'auparavant. Maintenant, essayons de nous tourner vers la tasse à café située à notre droite pour la regarder et pour la saisir (figure 3.3C) ; dans ce cas, les champs récepteurs visuels péricutanés se déplacent ; leur déplacement ne dépend cependant pas de la direction de notre regard, mais du mouvement de notre tête et de notre avant-bras, autrement dit, du déplacement de leurs champs récepteurs somato-sensoriels respectifs.

Pour simplifier, nous nous sommes limités à deux des champs récepteurs possibles et nous avons considéré uniquement un type de mouvement (rotation du tronc et de la tête). Mais que se passe-t-il si nous allongeons la main vers la tasse ? Quelle que soit la direction de notre regard, dès que la tasse entre dans les champs récepteurs visuels péricutanés, sa position est localisée par rapport à notre main, à notre avant-bras, etc. Cette localisation *anticipe* le contact cutané, de sorte que la main n'a pas besoin de toucher la tasse pour savoir *où* elle se trouve. Il lui suffit d'être suffisamment proche pour que le stimulus active les neurones dont les champs récepteurs visuels sont situés sur elle. Puisque ces derniers ne sont qu'une extension tridimensionnelle de leurs champs cutanés respectifs, la localisation visuelle de la tasse devrait nous permettre d'exécuter ces mouvements spécifiques du bras, qui dirigent la main vers elle comme s'il s'agissait d'un stimulus tactile, autrement dit, sans nécessiter aucune transformation des coordonnées visuelles en d'autres types de coordonnées – une opération qui pourrait s'avérer extrêmement compliquée et assez peu économique.

Proche et lointain

La présence de champs récepteurs visuels dans une aire comme F4, ainsi que dans l'aire VIP qui lui est étroitement connectée[8], ne nous éclaire pas seulement sur les transformations sensori-motrices présupposées par la localisation et l'atteinte d'un objet, mais finit par remettre en cause la conception traditionnelle d'une carte spatiale unique, disponible pour diverses utilisations (mouvement des yeux, de la tête, du tronc, du bras, etc.) et codée au niveau cortical dans un centre du lobe pariétal[9]. Ainsi, la parcellisation anatomique même du cortex pariétal, dont nous avons longuement parlé dans le premier chapitre, et en vertu de laquelle celui-ci apparaît organisé en une série de circuits distincts qui œuvrent en parallèle, se révèle difficilement compatible avec l'idée d'une représentation corticale unitaire de l'espace. Par ailleurs, si nous considérons les propriétés fonctionnelles des diverses aires qui composent le lobe pariétal et qui, par le biais de leurs connexions avec le lobe occipital et le lobe frontal, sont dévolues au traitement de l'information spatiale, nous sommes obligés de constater qu'elles opèrent d'une façon radicalement

---

8. Des champs récepteurs analogues ont été relevés également dans l'aire PF, localisée dans la convexité du lobe pariétal inférieur. *Cf.* à ce propos, entre autres, Fogassi *et al.*, 1988 ; Rizzolatti *et al.*, 2000.

9. *Cf.*, par exemple, Stein, 1992.

différente, puisque les objectifs moteurs qui les guident et les régions de l'espace qui les activent sont différents.

Cette différence se manifeste clairement si l'on compare les propriétés fonctionnelles du circuit VIP-F4 avec celles du circuit formé par l'aire intrapariétale latérale (LIP) et par les champs oculaires frontaux (FEF). Ce dernier circuit est destiné au contrôle des mouvements oculaires rapides (dits également « saccades ») dont la fonction est d'orienter la fovéa vers une cible disposée à la périphérie du champ visuel. Dans chacun de ces circuits, les neurones répondent à des stimuli visuels et s'activent durant certains types de mouvements. Mais les analogies fonctionnelles s'arrêtent là. En LIP-FEF, en effet, les neurones répondent à un stimulus visuel *indépendamment* de la distance où il se trouve ; leurs champs récepteurs visuels sont codés en coordonnées rétiniennes (autrement dit, chacun d'eux a une position spécifique sur la rétine par rapport à la fovéa) ; leurs propriétés motrices sont référées uniquement aux mouvements des yeux[10]. En revanche, comme nous l'avons vu, les neurones de VIP-F4 sont en grande partie bimodaux et préfèrent des objets tridimensionnels à de simples stimuli lumineux ; leurs champs récepteurs sont codés en coordonnées somatiques et ancrés dans diverses parties du corps ; *last but not least*, pour qu'ils s'activent, il est nécessaire que le stimulus visuel apparaisse *dans* l'espace environnant ou, en d'autres termes, dans cette région spatiale qui comprend tous les objets pour ainsi dire à portée de main et que, par souci de concision, nous appellerons *espace péripersonnel* ou *espace proche*, en le distinguant ainsi de l'espace *extra-personnel* ou *espace lointain*[11].

Deux points méritent ici une attention particulière : tout d'abord, le fait que les circuits LIP-FEF et VIP-F4 emploient des systèmes de coordonnées différents ; ensuite,

---

10. *Cf.* Andersen *et al.*, 1997 ; Colby, Goldberg, 1999.
11. Gentilucci *et al.*, 1983, 1988 ; Graziano, Gross, 1995, 1997, 1998.

le fait que le type de mouvement qu'ils contrôlent implique la distinction entre un espace *proche* et un espace *lointain*.

Arrêtons-nous un instant sur le premier point. Les neurones qui transportent l'information spatiale en LIP-FEF ont des champs récepteurs suffisants à la programmation de mouvements oculaires simples. Si un stimulus apparaît, disons une petite lumière, à 5 degrés à droite de la fovéa, nous devrons bouger les yeux de 5 degrés pour l'atteindre. Il y a donc une concordance entre la position de la petite lumière sur la rétine et l'ampleur du mouvement des yeux. Les choses, toutefois, ne se déroulent pas toujours ainsi. Supposons, par exemple, que nous avons deux petites lumières qui s'allument rapidement en séquence, tandis que l'observateur garde les yeux fermés. La première petite lumière est placée à 5 degrés sur la droite, la deuxième à 5 degrés sur la gauche. L'observateur doit les fixer l'une après l'autre. Contrairement à la tâche précédente, celle-ci ne peut être exécutée uniquement sur la base des coordonnées rétiniennes. En effet, les coordonnées rétiniennes signalaient deux mouvements nécessaires pour atteindre la lumière, un vers la droite à 5 degrés et un vers la gauche encore à 5 degrés. Si l'observateur s'était fié uniquement aux coordonnées rétiniennes, il aurait accompli correctement le premier mouvement (à 5 degrés sur la droite), mais ensuite il serait revenu au centre (à 5 degrés sur la gauche), sans atteindre la deuxième lumière. Pour ce faire, il aurait dû accomplir un mouvement oculaire de 10 degrés, jamais effectué par la rétine.

Sauf que pour des tâches très élémentaires, le système oculomoteur nécessite un système de coordonnées qui calcule la position des objets dans l'espace par rapport à l'observateur, et non pas uniquement leur position sur la rétine. Divers modèles ont été proposés pour expliquer comment l'on passe d'un système de coordonnées rétiniennes à un seul système capable de coder leur position dans l'espace. Un des modèles les plus connus[12], bien que ne faisant pas l'unanimité, met l'accent sur une classe de neurones de l'aire interpariétale latérale, dont les champs récepteurs signalent la position du stimulus sur la rétine (coordonnées rétiniennes), mais dont la réponse aux stimuli visuels est modulée par la position de l'œil dans l'orbite (effet orbital). En sachant où est le stimulus sur la rétine et où est l'œil dans l'orbite, l'observateur peut, moyennant une computation qui nécessite un grand nombre de neurones, localiser avec précision l'objet dans l'espace et diriger le regard vers lui[13].

Comme le lecteur peut aisément le comprendre, le système de coordonnées utilisées par le circuit VIP-F4 pour localiser les objets dans l'espace est radicalement différent. Dans ce circuit, l'espace est codé en coordonnées somatiques, centrées sur différentes parties du corps, et la spécification de la position spatiale du stimulus par rapport à ces dernières ne nécessite pas l'activité combinée de plusieurs neurones, mais se produit déjà au niveau d'un *neurone particulier*. Comme nous l'avons déjà souligné, puisque les champs récepteurs visuels des neurones bimodaux de VIP-F4 sont ancrés à leurs champs récepteurs somato-sensoriels respectifs, et donc à des parties du corps déterminées (main, bras, cou, etc.), la localisation du stimulus se révèle indépendante de la position des yeux. Cela facilite énormément l'organisation des mouvements de ces parties du corps, dès lors que celles-ci offrent chaque fois le meilleur système de référence possible.

Quant à la division fonctionnelle de l'espace en *proche* et en *lointain*, elle apparaît confirmée par l'étude des déficits induits par des lésions de l'aire FEF et F4[14]. Dans le

---

12. Zipser, Andersen, 1988.

13. Pour une solution alternative, *cf.*, entre autres, Bruce, 1988 ; Goldberg, Bruce, 1990 ; Goldberg *et al.*, 1990.

14. Rizzolatti *et al.*, 1983.

premier cas, en effet, le déficit constaté investit surtout l'espace péripersonnel et ce qu'on appelle l'« espace personnel », c'est-à-dire l'espace cutané.

Des résultats analogues ont été obtenus sur des sujets humains atteints du syndrome de négligence. Peter W. Halligan et John C. Marshall ont décrit le cas d'un patient qui, lorsqu'il devait diviser par moitié des segments dessinés sur une feuille de papier placée dans son espace péripersonnel à l'aide d'un banal crayon noir, manifestait une négligence marquée. Toutefois, si l'on demandait à ce patient d'exécuter la même tâche avec des lignes présentées dans son espace extra-personnel en se servant d'un stylo laser, sa négligence apparaissait extrêmement réduite, voire inexistante – ce qui explique qu'il ne souffrait d'aucun problème lorsqu'il s'adonnait à son passe-temps favori : le jeu de fléchettes[15] ! En revanche, Alan Cowey et ses collègues ont relaté le cas de cinq patients qui présentaient une dissociation opposée, en manifestant une négligence pour l'espace lointain plus sévère que pour l'espace proche[16].

La ressemblance entre l'organisation neurale du singe et celle de l'homme ne concerne pas seulement la distinction proche/lointain, mais aussi le fait que l'espace péripersonnel chez l'homme semble être codé, comme chez le singe, par un système de neurones bimodaux. Giuseppe di Pellegrino et ses collaborateurs[17] ont examiné un patient souffrant d'une extinction somato-sensorielle évidente – la présentation simultanée de deux stimuli symétriques, un sur la moitié droite et un sur la moitié gauche du corps, n'induit que la perception du stimulus localisé sur la moitié du corps sain – en contrôlant ses réponses à des stimuli

---

15. Halligan, Marshall, 1991. *Cf.* également Berti, Frassinetti, 2000 ; Berti, Rizzolatti, 2002.

16. Cowey *et al.*, 1994. Ce type de dissociation a été constaté par la suite également par Cowey *et al.*, 1999 ; Vuillemieur *et al.*, 1998 ; Frassinetti *et al.*, 2001.

17. Di Pellegrino *et al.*, 1997. *Cf.* également Làdavas *et al.*, 1998a, b.

visuels et tactiles. Ils ont découvert ainsi que, lorsqu'ils présentaient un stimulus visuel *proche* de la main droite ipsilésionnelle du patient, celui-ci cessait de percevoir le stimulus tactile que lui procurait un léger toucher de la main gauche controlésionnelle. Mais l'aspect le plus intéressant était que, quand le stimulus visuel était présenté *en dehors* de l'espace péripersonnel du patient, l'effet d'extinction de la vision sur le toucher diminuait énormément, au point, parfois, de passer inaperçu.

En considérant les fonctions des aires F4 et VIP dans le traitement de l'information spatiale par le singe, il n'est pas exclu que les phénomènes spatiaux décrits par Giuseppe Pellegrino et ses collaborateurs aient comme substrat des neurones de type bimodaux. Du reste, une étude récente de résonance magnétique fonctionnelle a permis de localiser dans le cerveau humain certaines aires polymodales (répondant à des stimuli tactiles, visuels, auditifs[18]). En particulier, une importante convergence polymodale a été constatée au fond du sillon intrapariétal (IP), dans le cortex prémoteur ventral et dans le cortex autour de l'aire somato-sensorielle secondaire (SII). Bien que les données dont nous disposons nous permettent difficilement de tirer une conclusion quant au rôle rempli par l'aire SII, la position anatomique et les propriétés du IP et du cortex prémoteur ventral nous font penser que celles-ci constituent l'homologue humain des aires VIP et F4 du singe.

---

18. Bremmer *et al.*, 2001.

Le duel de Poincaré

Loin de se résoudre en une carte unitaire, la représentation corticale de l'espace semble donc renvoyer, tant chez le singe que chez l'homme, à des formes et des modalités de constitution différentes, déterminées par l'activation de circuits sensori-moteurs distincts, dont chacun est dévolu à l'organisation et au contrôle d'actes (comme, par exemple, le mouvement d'atteinte) qui présupposent une localisation spécifique de l'objet par rapport à l'effecteur qui est impliqué chaque fois (main, bouche, yeux, etc.). Il nous reste toutefois à clarifier la *nature* de cette représentation, ou mieux, la *signification fonctionnelle* des réponses visuomotrices des neurones localisés dans les aires F4 et VIP.

Nous retrouvons ici un problème analogue à celui que nous avons abordé dans le chapitre précédent : tout comme les aires F5 et AIP, F4 et VIP contiennent des neurones qui déchargent *aussi bien* durant les mouvements actifs de l'animal *qu'*en réponse à des stimuli visuels. Il ne fait aucun doute que le type d'acte codé est différent (saisir, tenir, etc., dans le premier cas, atteindre dans le second). Toutefois, la présence dans ces deux circuits neuraux de réponses visuelles connectées à des activations motrices semble suggérer que le résultat de l'analyse de la constitution des objets vaut pour la constitution de l'espace – à savoir que la décharge des neurones de F4-VIP ne signale pas simplement la position du stimulus dans un espace purement visuel, sur la base d'un quelconque système de coordonnées géométriques, fussent-elles centrées sur la partie du corps à laquelle est ancré son champ perceptif respectif, mais reflète l'évocation d'un acte moteur potentiel dirigé vers ce stimulus et qui, indépendamment ou non de son exécution, est en mesure de le localiser en termes d'une *possibilité d'action*.

L'existence même d'un espace péripersonnel codé en coordonnées somatiques semble confirmer cette interprétation. Si, en effet, nous concevions cet espace comme principalement visuel, en citant éventuellement pour preuve la rapidité et la fiabilité avec laquelle les neurones de F4 répondent à la présentation d'un stimulus, nous ne parviendrions pas à expliquer pourquoi des yeux avec des réfractions et des accommodations normales devraient sélectionner des stimuli lumineux provenant exclusivement de la région spatiale qui entoure le corps du sujet qui les perçoit. À moins, bien sûr, de recourir à une quelconque hypothèse *ad hoc*, en conjecturant, par exemple, que F4 serait le siège d'un mécanisme complexe capable d'éliminer l'information visuelle qui provient de l'extérieur de l'espace péripersonnel. Mais avons-nous vraiment besoin de recourir à une telle hypothèse ? Ne serait-il pas plus simple et plus économique de penser qu'en fondant la distinction entre *proche* et *lointain* les propriétés motrices de ces neurones (leur « vocabulaire d'actes », pour reprendre une expression employée dans le chapitre précédent) se voient dévolues un rôle décisif, voire essentiel, en découpant à l'intérieur d'une information visuelle, qui autrement serait indifférenciée, *un espace pour l'action* effectif ? Qu'est-ce qu'un espace péripersonnel, en effet, sinon l'ensemble des lieux que nous pouvons *atteindre* en allongeant la main ?

Au fond, en insistant sur le caractère essentiellement *actif* de la représentation de l'espace codée au niveau du cortex prémoteur et du lobe pariétal inférieur, nous ne faisons que reprendre la leçon d'un grand physicien et physiologiste (non moins que philosophe, bien qu'il n'aimât pas beaucoup se prétendre tel) comme Ernst Mach, lequel, il y a désormais un siècle, écrivait que « *les points* de l'espace physiologique » ne sont que « les *buts* des différents mouvements, que nous faisons pour saisir, pour regarder, pour marcher[19] ». C'est à partir de ces mouvements que notre corps *cartographie* l'espace qui nous entoure, et c'est en vertu de leurs buts que l'espace assume une forme pour nous.

C'est ce qu'avait bien compris un autre grand mathématicien et physicien qui, contrairement à Mach, ne dédaignait pas d'être qualifié de philosophe et qui, tout comme celui-ci, avait consacré des années à l'étude de la genèse et de la structure de la représentation de l'espace : Henri Poincaré. Selon lui, en effet, non seulement il faut écarter « l'idée d'un prétendu sens de l'espace qui nous ferait localiser nos sensations à l'intérieur d'un espace tout fait[20] », mais il convient de reconnaître que nous n'aurions « pas pu construire l'espace si nous n'avions eu un instrument pour le mesurer ». Or, « cet instrument auquel nous rapportons tout, celui dont nous nous servons instinctivement, c'est notre *propre corps*. C'est par rapport à notre corps, en effet, que nous situons les objets extérieurs, et les seules relations spatiales de ces objets que nous puissions nous représenter, ce sont leurs relations avec notre corps[21] ».

En somme, ces « *relations* » dont parle Poincaré sont autant de possibilités motrices qui nous permettant d'*atteindre* les objets qui nous entourent :

Par exemple à un instant α, la présence de l'objet A m'est révélée par le sens de la vue ; à un autre instant β, la présence d'un autre objet B m'est révélée par un autre sens, celui de l'ouïe ou du toucher, par exemple. Je juge que cet objet B occupe la même place que l'objet A. Qu'est-ce que cela veut

---

19. Mach, 1905, p. 337-338 : « Les sensations d'espace guident nos mouvements, mais il n'arrive pas souvent que nous ayons à les étudier en elles-mêmes, et c'est le *but* du mouvement qui a pour l'homme le principal intérêt » (*ibid.*, p. 336).

20. Poincaré, 1913, p. 17. Sur ce point voir également Poincaré, 1902, chapitres 4 et 5.

21. Poincaré, 1908, p. 55.

dire ? [...] Les impressions qui nous sont venues de ces objets ont suivi des chemins absolument différents [...]. Elles n'ont rien de commun au point de vue qualitatif [...]. Seulement je sais que, pour atteindre l'objet A, je n'ai qu'à étendre le bras droit d'une certaine manière ; *lors même que je m'abstiens de le faire*, je me représente les sensations musculaires et autres sensations analogues qui accompagneraient cette extension, et cette représentation est associée à celle de l'objet A. Or, je sais également que je puis atteindre l'objet B en étendant le bras droit de la même manière, extension accompagnée du même cortège de sensations musculaires. Et quand je dis que ces deux objets occupent la même position, je ne veux pas dire autre chose. Je sais aussi que j'aurais pu atteindre l'objet A par un autre mouvement approprié du bras gauche et je me représente les sensations musculaires qui auraient accompagné ce mouvement ; et, par ce même mouvement du bras gauche accompagné des mêmes sensations, j'aurais pu également atteindre l'objet B. Et cela est très important, puisque c'est de cette façon que je pourrais me défendre contre les dangers dont pourraient me menacer soit l'objet A, soit l'objet B. À chacun des coups dont nous pouvons être frappés, la nature a associé une ou plusieurs parades qui nous permettent de nous en préserver. [...] Toutes ces parades n'ont rien de commun entre elles, sinon qu'elles permettent de se garer d'un même coup, et c'est cela, et rien que cela, que nous entendons quand nous disons que ce sont des mouvements aboutissant à un même point de l'espace. De même, ces objets, dont nous disons qu'ils occupent un même point de l'espace, n'ont rien de commun, sinon qu'une même parade peut permettre de se défendre contre eux[22].

Si au lieu de parler de « représentation des sensations », nous remplaçons cette expression par « acte

---

22. *Ibid.*, p. 55-56 (c'est nous qui soulignons).

moteur potentiel », et si nous gardons à l'esprit la fonction « anticipatrice » du contact cutané qui est garantie aux neurones de F4 par l'extension tridimensionnelle de leurs champs récepteurs visuels, nous trouverons difficilement une description plus claire de la façon dont, grâce à l'action, se constitue cet espace « petit » et « restreint » que nous avons appelé *péripersonnel*, et que Poincaré définit en termes de « coordination » des « multiples parades » rendues possibles par la simple extension du bras[23]. Mais ce n'est pas tout : dans la mesure où ces parades impliquent « les parties les plus élémentaires du système nerveux », la coordination qui en résulte ne serait pas, au dire de Poincaré, une conquête de l'« individu », mais de l'« espèce », tant il est vrai qu'« on en voit la trace chez l'enfant qui vient de naître ».

> La sélection naturelle a dû amener ces conquêtes d'autant plus vite qu'elles étaient plus nécessaires. À ce compte, celles dont nous parlons ont dû être des premières en date, puisque sans elles la défense de l'organisme aurait été impossible. Dès que les cellules n'ont plus été purement juxtaposées, et qu'elles ont été appelées à se porter un mutuel secours, il a bien fallu que s'organise un mécanisme analogue à celui que nous venons de décrire pour que ce secours ne se trompe pas de chemin et aille au-devant du péril[24].

Inscrites dans le cadre de l'évolution, la dichotomie *proche/lointain* et la connexion entre les possibilités motrices des différentes parties du corps et les modalités de codification des relations spatiales se révèlent bien moins mystérieuses qu'on pouvait l'imaginer à première vue. L'espace, en effet, ne serait pas représenté *pour soi* dans une aire quelconque du cortex cérébral, mais sa constitu-

---

23. *Ibid.*, p. 57.
24. *Ibid.*

tion dépendrait de l'activité de circuits neuraux, dont la fonction principale est d'organiser cet ensemble de mouvements qui, quoique avec des effecteurs différents (comme par exemple, le bras, la bouche, les yeux, etc.), permettent d'agir sur le milieu environnant, en en localisant les menaces possibles ou les opportunités.

Par ailleurs, le fait que l'espace peut être défini en termes d'actes moteurs potentiels apparaît clairement si, comme le suggère Poincaré lui-même, nous en considérons les « traces » chez le nourrisson. Grâce à l'échographie, aujourd'hui nous savons que le fœtus *in utero* présente déjà une riche activité motrice finalisée : par exemple, après la huitième semaine, il bouge la main vers son visage, tandis qu'au sixième mois il est en mesure de porter la main à sa bouche et de la sucer – ce qui prouve qu'avant même de naître l'enfant dispose d'une représentation motrice de l'espace[25]. Après sa naissance, ses mouvements deviennent de plus en plus finalisés et, bien sûr, référés à l'espace qui entoure son corps. Son système oculaire est étroitement lié à son développement moteur. Puisque le cristallin n'est pas encore mature, la distance focale est virtuellement fixe, et le nouveau-né ne voit clairement que les objets qui sont situés à environ 20 centimètres de lui. Cela lui permet d'acquérir une représentation de l'espace péripersonnel (direction et profondeur) sans devoir discriminer les stimuli proches des stimuli lointains. Il peut ainsi utiliser sa connaissance motrice pour construire l'espace qui doit être associé aux potentialités d'action du bras, développées au cours de la phase prénatale, tout d'abord à l'occasion de l'apparition de sa main dans des positions spatiales différentes, puis lors de la présentation d'objets dans une même position. Jean Piaget a remarqué que les enfants de trois mois passent une grande partie de leur temps à regarder

---

25. *Cf.* Butterworth, Harris, 1994.

leurs mains[26] ; c'est probablement dû au besoin de calibrer leur espace péripersonnel par rapport à des objets dont la grandeur est connue.

Au cours des trois premiers mois, le nourrisson développe aussi les mouvements des yeux, et en particulier leur convergence. Les informations qui en résultent, associées aux informations provenant des mouvements de la main et de la tête, permettront à l'enfant d'enrichir la construction de son propre espace péripersonnel. Vers le troisième mois, lorsque cet espace constitue une construction cohérente, le développement du cristallin lui permet d'atteindre l'espace *lointain*. En se servant de sa connaissance initiale de l'espace *proche*, et en corrélant les stimuli visuels provenant du lointain avec les mouvements de l'œil et de la main, ainsi qu'avec les mouvements des autres parties du corps, l'enfant peut alors commencer à construire son propre espace *extra-personnel*.

Pour une conception dynamique de l'espace

La constitution motrice de l'espace, en vertu de laquelle celui-ci apparaît comme un système d'actions coordonnées, nous offre l'opportunité de clarifier un aspect de la dichotomie *proche/lointain* qui serait difficilement explicable à partir d'une interprétation purement sensorielle des représentations spatiales codées par les divers circuits pariéto-frontaux, y compris des aires VIP-F4. Pour illustrer notre propos, laissons encore une fois la parole à Poincaré :

---

26. Piaget, 1936. *Cf.* également Berti, Rizzolatti, 2002.

Il y a des points qui resteront hors de ma portée, quelque effort que je fasse pour étendre la main ; si j'étais cloué au sol comme un polype hydraire, par exemple, qui ne peut qu'étendre ses tentacules, tous ces points seraient en dehors de l'espace, puisque les sensations que nous pourrions éprouver par l'action des corps qui y seraient placés ne seraient associées à l'idée d'aucun mouvement nous permettant de les atteindre, d'aucune parade appropriée. Ces sensations ne nous sembleraient avoir aucun caractère spatial et nous ne chercherions pas à les localiser. Mais nous ne sommes pas fixés au sol comme les animaux inférieurs ; nous pouvons, si l'ennemi est trop loin, marcher à lui d'abord et étendre la main quand nous sommes assez près. C'est encore une parade, mais une parade à longue portée[27].

En tant que telle, la « parade » permet de déterminer la position spatiale d'un objet qui, auparavant, n'en avait aucune, étant placé hors de portée de ma main. Celle-ci, toutefois, comme nous le rappelle Poincaré, n'est pas définie une fois pour toutes, de sorte que l'espace qu'elle décrit doit être conçu non pas d'une façon *statique*, mais sous une forme *dynamique*. En d'autres termes, la distinction entre *proche* et *lointain* ne saurait être réduite à une simple question de centimètres, comme si notre cerveau calculait la distance qui sépare notre corps des objets atteignables en termes absolus. Non seulement tout cela contredirait le principe de relativité de l'espace, cher à Poincaré et, comme nous l'avons vu, décisif pour l'organisation des mouvements du corps, mais l'organisation même des champs récepteurs visuels des neurones de F4 et leur fonction anticipatrice du contact cutané semblent incompatibles avec l'idée d'un espace péripersonnel fixé de façon rigide et univoque.

---

27. Poincaré, 1908, p. 57.

En effet, si nous reconsidérons la figure 3.1, nous remarquons que les divers champs récepteurs présentent des extensions différentes. En outre, il existe un certain pourcentage de neurones de F4 (environ 20 %) dont il est impossible de définir clairement la frontière. « Mais l'aspect le plus significatif est que, pour de nombreux neurones bimodaux, une *augmentation de la vitesse du stimulus de rapprochement entraîne une expansion en profondeur de leurs champs récepteurs*[28]. » Le fait que l'extension des champs récepteurs croisse avec l'augmentation de la vitesse du stimulus explique que les stimuli qui s'approchent à une vitesse plus grande soient souvent signalés et localisés à une plus grande distance par rapport à ceux qui s'approchent plus lentement. L'avantage du point de vue de l'activation de la parade la plus appropriée est évident : plus tôt le neurone décharge, plus tôt il évoque l'acte moteur qu'il code ; cette anticipation de l'action permet de cartographier l'espace avec une plus grande efficacité, en saisissant (ou en évitant) l'opportunité (ou le danger) qui s'annonce.

Mais il existe aussi une autre façon pour les neurones de F4 de redéfinir l'espace qui entoure les effecteurs codés. Poincaré nous invitait à garder à l'esprit l'exemple de la locomotion. Dans ce cas précis, nous assistons toutefois à une translation des multiples systèmes de référence qui, dans leur ancrage aux différentes parties du corps, concourent davantage à définir l'espace péripersonnel qu'ils ne contribuent à sa redéfinition effective. Certes, de nouveaux objets apparaissent à l'intérieur de cet espace et se trouvent ainsi localisés. Mais l'*espace proche*, en tant que tel, ne semble pas modifier ses frontières, bien entendu relativement au corps, avec lequel pour ainsi dire *il marche de concert*. Malgré cela, l'exemple de Poincaré contient une indication

---

28. Fogassi *et al.*, 1996a. *Cf.* également Chieffi *et al.*, 1992.

précieuse : contrairement au polype hydroïde, nous (à l'instar des primates non humains) pouvons nous approcher des objets (ou parer à d'éventuelles menaces) en empoignant un *instrument* quelconque.

Or, Atsushi Iriki et ses collaborateurs[29] ont montré que les champs récepteurs visuels des neurones bimodaux du cortex pariétal postérieur du singe, qui codent le mouvement de la main de la même façon que les neurones de F4, peuvent être modifiés par des actions qui comportent l'emploi d'instruments. Après avoir entraîné des singes à aller chercher des boulettes de nourriture avec un petit râteau, ils ont remarqué que, lors de l'utilisation répétée de l'instrument, les champs récepteurs visuels ancrés sur la main s'étendaient au point d'inclure l'espace autour de la main *et* du râteau – comme si l'image de ce dernier était incorporée dans celle de la main[30]. Par ailleurs, quand l'animal cessait d'utiliser l'instrument, tout en le tenant encore dans sa main, les champs récepteurs retrouvaient leur extension habituelle. Le prolongement de la main déterminée par l'emploi du râteau entraînait une extension de l'espace atteignable chez le singe, et donc une *redistribution* du *proche* et du *lointain* : les neurones qui s'activaient en présence d'objets situés dans l'espace péripersonnel répondaient aussi à des stimuli qu'ils n'avaient pas codés au préalable, parce que *lointains* (c'est-à-dire, *en dehors* de leur espace), mais qui, à présent, grâce à l'utilisation d'un râteau, devenaient *proches*.

Une redistribution analogue des cartes spatiales a été constatée chez l'homme. Anna Berti et Francesca Frassinetti[31] ont montré que la représentation corticale de l'espace corporel peut inclure les instruments employés par le sujet, en faisant en sorte que l'espace précédemment étiqueté

---

29. Iriki *et al.*, 1996.
30. *Cf.* également Aglioti *et al.*, 1996.
31. Berti, Frassinetti, 2000. *Cf.* également Berti *et al.*, 2001.

comme *lointain* soit ensuite codé comme *proche*. La patiente qu'elles ont examinée avait subi une grave lésion de l'hémisphère droit, entraînant une héminégligence gauche, avec une dissociation évidente entre l'espace proche et l'espace lointain. Elle manifestait en effet des déficits flagrants dans de nombreuses tâches (effacement et bissection de lignes, lecture, etc.) exigeant qu'elle exécute des actions dans son espace péripersonnel. Par exemple, lorsqu'elle devait localiser avec l'index le point qui divisait en deux parties égales certaines lignes dessinées sur une feuille avec des inclinaisons différentes, elle l'indiquait toujours déplacé vers la droite, manifestant ainsi des déficits perceptifs pour la partie gauche de ces lignes. Cependant, dès que ces lignes étaient situées à une certaine distance par rapport à elle (à environ un mètre), de sorte que leur bissection nécessitait l'utilisation d'un stylo laser, sa négligence avait tendance à disparaître.

À première vue, le cas cité par Anna Berti et Francesca Frassinetti semble assez proche de celui décrit par Peter W. Halligan et John C. Marshall. Toutefois, les expériences d'Anna Berti et de Francesca Frassinetti ont montré que, si l'on demandait à la patiente de diviser en deux parties égales les lignes disposées dans son espace extra-personnel à l'aide d'une baguette en bois qui lui permettait d'atteindre ces lignes, la négligence se manifestait également dans l'espace lointain, tout aussi sévèrement que dans l'espace proche. Comme dans le cas des singes étudiés par A. Iriki et ses collaborateurs, l'utilisation de cet instrument semblait étendre l'espace péripersonnel de la patiente au point de lui permettre d'atteindre, à l'aide d'une baguette, les lignes qu'elle devait diviser en deux. L'espace *lointain* était ainsi recodé comme proche, ce qui entraînait l'apparition de la négligence pour l'espace proche – autrement dit, de cette négligence qui ne s'était pas manifestée quand la patiente avait exécuté la tâche qui lui était demandée sans utiliser une baguette.

La portée variable des actions

À la lumière de ce que nous avons dit dans le chapitre précédent, il est évident que les objets et l'espace renvoient à une constitution de caractère *pragmatique*, en vertu de laquelle ceux-là apparaissent comme des *pôles d'actes virtuels*, tandis que celui-ci paraît défini par le *système de relations* que ces actes déploient et qui trouve sa propre mesure dans les diverses parties du corps. Bien entendu, les circuits neuraux impliqués sont différents, tout comme sont différentes les typologies d'actes codés par ces circuits. La saisie, par exemple, nécessite une série de comportements moteurs qui ne sont pas nécessaires pour le mouvement d'atteinte : le déchiffrage des *affordances* de l'objet, la préfiguration de la main, le contrôle des doigts, etc. – tout comme le mouvement d'atteinte comporte l'élaboration d'informations et la réalisation de transformations sensori-motrices qui ne concernent pas spécifiquement la saisie.

Toutefois, bien qu'ils soient distincts et qu'ils œuvrent en parallèle, ces processus participent de la *modalité de l'action*. Nous avons souligné plusieurs fois que le vocabulaire contenu dans les aires F5 et F4 ne prévoit pas parmi ses mots des mouvements particuliers, et que les fonctions du cortex prémoteur peuvent être comprises uniquement si nous ne nous laissons pas égarer par la distinction entre une « motricité du corps en général et certains actes qui sont exécutés par son intermédiaire[32] ». Du reste, comme nous l'avons vu, nous n'allongeons pas le bras vers un objet

---

32. Bubner, 1976, p. 82.

sinon pour faire quelque chose avec lui : pour le saisir, ou éventuellement pour le « protéger ».

Considérons de nouveau le cas de la petite tasse à café : dès l'ouverture initiale de la main, notre cerveau en sélectionne les traits (forme et orientation de l'anse, du bord, etc.) qui apparaissent prégnants pour l'action, et qui concourent à déterminer aussi bien la *physionomie motrice* de l'objet que *l'espace des prises possibles*. La première se constitue à travers le second, et *vice versa*. Mais pour qu'il y ait une véritable préhension, il faut que la petite tasse soit *atteignable*, et donc *localisable* par rapport aux parties du corps qui interviennent dans l'acte de la saisie. L'espace de l'objet se présente ici dans la forme de sa *position* relative aux divers effecteurs impliqués (bras, main, bouche, etc.), en apparaissant défini dans les termes de leurs *finalités d'actions* possibles. Ces finalités peuvent être chaque fois différentes, mais la localisation de l'objet n'est jamais indépendante d'elles.

S'il en était ainsi, en effet, l'espace qui nous entoure ne serait qu'un ensemble indifférencié de points. Or, d'après les analyses précédentes, et grâce aux intuitions de Mach et de Poincaré, nous savons que l'espace prend forme à partir des objets et de la multiplicité des actes coordonnés qui nous permettent de les atteindre. Et puisque les objets par eux-mêmes ne sont que des *hypothèses d'action*, les lieux de l'espace ne se définissent pas comme des « positions objectives » par rapport à une position tout aussi prétendument objective de notre corps, mais, comme nous l'enseigne Merleau-Ponty, ils « inscrivent autour de nous la portée variable de nos visées ou de nos geste[33] ».

C'est de cette *portée* que dépend la possibilité de distinguer un espace *proche* et un espace *éloigné*, de saisir la nature *dynamique* de la frontière qui les sépare, et la possi-

____

33. Merleau-Ponty, 1945, p. 168.

bilité de rendre compte de ce phénomène « particulier », à propos duquel Edmund Husserl avaient également attiré notre attention dans certaines réflexions inédites des années 1930 : à savoir que l'emploi d'un instrument le « lie » à notre corps, comme s'il s'agissait non pas d'un organe « nouveau », mais de l'« extension » d'un de ses organes, puisque ce lien est limité à l'utilisation effective qui est faite de cet instrument[34].

L'étroite connexion entre les objets et l'espace permet de clarifier un aspect souvent ignoré dans les études sur les négligences spatiales. Nous avons décrit comment ces négligences concernent quelques-unes des modulations essentielles de la représentation de l'espace (codification de l'espace péripersonnel, sa redistribution éventuelle, etc.). Il convient cependant de noter que les négligences spatiales finissent par inhiber également la *perception* adéquate de l'objet. Que l'on pense, par exemple, au cas cité par Berti et Frassinetti où, selon la localisation des lignes (à l'extérieur ou à l'intérieur de l'espace péripersonnel), la patiente en percevait ou n'en percevait pas la partie gauche, c'est-à-dire cette partie des lignes qui tombait dans la portion d'un espace concerné par la négligence. Ou bien, à celui décrit par J. F. Marshall et P. W. Halligan[35], où l'on présentait l'un après l'autre deux dessins d'une maison à une patiente avec une héminégligence gauche très marquée. Les maisons représentées étaient identiques sur le côté droit, mais différentes sur le côté gauche, l'une des deux étant en feu. La patiente affirmait n'avoir remarqué aucune différence, même si, lorsqu'elle devait choisir dans quelle maison elle préférerait habiter, elle indiquait toujours celle qui n'était pas en feu. Bien qu'elle semblât en mesure de discriminer inconsciemment les deux stimuli, la négligence spatiale, due à certaines lésions des circuits pariéto-frontaux,

---

34. Husserl (1931), Ms. D 12, III, p. 22.
35. Marshall, Halligan, 1988.

l'empêchait de les *localiser*, et par conséquent de les *saisir*, fût-ce simplement du regard.

Tout cela ne fait que confirmer l'interdépendance de la constitution des objets et de l'espace qui résulte de leur renvoi commun à l'horizon premier de l'action, et en vertu de laquelle l'impossibilité d'atteindre les objets va de pair avec l'impossibilité de *cartographier* les différentes régions de l'espace. Encore une fois, nous pouvons mesurer clairement les limites de toute interprétation dichotomique du fonctionnement de notre cerveau, comme celles dont nous avons parlé dans le chapitre précédent, et qui étaient fondées sur l'opposition entre une *voie du quoi* et une *voie du où*, ou bien entre une voie du *quoi* et une voie du *comment*. De la catégorisation des objets à la représentation de l'espace, le système moteur, et en particulier les aires corticales localisées dans ce qu'on appelle la *voie dorsale-ventrale*, révèle une richesse de fonctions qui dépassent le simple contrôle des mouvements et qui paraissent connectées aux différentes dynamiques de l'action – à ces dynamiques qui, comme nous le verrons bientôt, ne concernent pas seulement notre corps et les objets qui l'entourent, mais aussi le corps des autres.

AGIR ET COMPRENDRE

Neurones canoniques et neurones miroirs

L'analyse des propriétés fonctionnelles de F5 nous a montré que l'immense majorité des neurones de cette aire s'activent au cours de l'exécution de certains actes moteurs spécifiques, comme prendre, tenir ou manipuler un objet, et qu'une partie d'entre eux répond *également* à des stimuli visuels. Ces derniers neurones manifestent une congruence évidente entre leurs propriétés motrices (par exemple, le type de prise codé) et leur sélectivité visuelle (forme, taille et orientation de l'objet présenté), en jouant un rôle décisif lors du processus de transformation de l'information visuelle relative à un objet dans les actes moteurs nécessaires pour interagir avec lui. En raison de leurs caractéristiques, ils ont été appelés *neurones canoniques*, puisque, dès les années 1930, on a conjecturé que le cortex prémoteur pouvait être impliqué dans des transformations visuo-motrices.

Toutefois, au début des années 1990, au cours d'enregistrements réalisés dans des situations expérimentales où le singe n'était pas entraîné à accomplir des tâches fixées au préalable mais pouvait agir librement, on a constaté que les neurones canoniques *n'étaient pas* le seul type de neurones doués de propriétés visuo-motrices[1]. Ainsi, de façon surprenante, on s'est aperçu qu'il existait des neurones, en particulier dans la convexité corticale de F5, qui répondaient *aussi bien* quand le singe exécutait une action déterminée (par exemple, lorsqu'il prenait un morceau de nourriture) *que* quand il observait un autre individu (l'expérimentateur) exécuter une action similaire. Ces neurones ont été appelés des *neurones miroirs* (*mirror neurons*[2]).

Du point de vue de leurs *propriétés motrices*, les neurones miroirs ne se distinguent pas des autres neurones de F5 ; de même que ces derniers, en effet, ils s'activent sélectivement pour des actes moteurs spécifiques. En revanche, en ce qui concerne *leurs propriétés visuelles*, contrairement aux neurones canoniques, non seulement les neurones miroirs ne s'activent pas à la seule vue d'un morceau de nourriture ou de n'importe quel objet tridimensionnel, mais leur comportement ne semble pas non plus influencé par les dimensions du stimulus visuel. En fait, leur activation se produit lorsque le singe observe l'expérimentateur (ou d'autres singes) exécuter certains actes déterminés qui impliquent une interaction effecteur (main ou bouche)-objet. À ce propos, il convient de noter que ni les mouvements de la main, qui se limitent à mimer la prise en l'absence de l'objet, ni les gestes intransitifs (autrement dit, privés de corrélat objectuel), comme lever les bras ou agiter les mains, y compris lorsqu'ils sont réalisés dans l'intention de menacer ou d'exciter l'animal, ne provoquent de réponse significative. En outre, les décharges des neurones miroirs se révèlent en grande partie indépendantes de la distance et de la localisation spatiale de l'acte observé – même si, dans

---

1. Di Pellegrino *et al.*, 1992.
2. Rizzolatti *et al.*, 1996a ; Gallese *et al.*, 1996.

certains cas, elles apparaissent modulées par la direction des mouvements perçus ou par la main (droite ou gauche) utilisée par l'expérimentateur.

Si l'on adopte comme critère distinctif l'acte moteur effectif *visuellement* codé, il est possible de subdiviser les neurones miroirs en classes analogues à celles indiquées dans le deuxième chapitre à propos des propriétés motrices des neurones de F5 : nous avons ainsi des neurones miroirs « saisir », des neurones miroirs « tenir », des neurones miroirs « manipuler » – mais aussi des neurones miroirs « situer » (qui s'activent lorsque le singe observe l'expérimentateur placer un objet sur un support quelconque) et des neurones miroirs « interagir-avec-les-mains » (qui répondent à la vue d'une main qui s'avance vers l'autre main, tandis que cette dernière tient un objet). Il résulte de cette classification qu'une grande partie des neurones miroirs de F5 répond à l'observation d'un seul type d'acte déterminé (par exemple, la saisie). D'autres neurones apparaissent moins sélectifs, ils déchargent durant l'observation de deux ou, plus rarement, de trois actes moteurs.

La figure 4.1 illustre le comportement typique d'un neurone miroir « saisir ». Dans la situation A, le singe observe l'expérimentateur prendre un morceau de nourriture sur un plateau. Le neurone commence à décharger dès que la main de l'expérimentateur se rapproche de l'objet et préfigure la prise, en restant actif jusqu'à ce que celle-ci se réalise. Dans la situation B, c'est l'animal qui saisit la nourriture : dans ce cas aussi la décharge du neurone est corrélée à la préfiguration de la main.

La comparaison entre les réponses visuelles et l'activité neurale durant les actes moteurs permet de comprendre un des principaux aspects fonctionnels des neurones miroirs : la congruence entre l'acte moteur codé par le neurone et l'acte moteur observé qui l'active.

Toutefois, il existe divers degrés de congruence des différents neurones. Deux types fondamentaux ont été

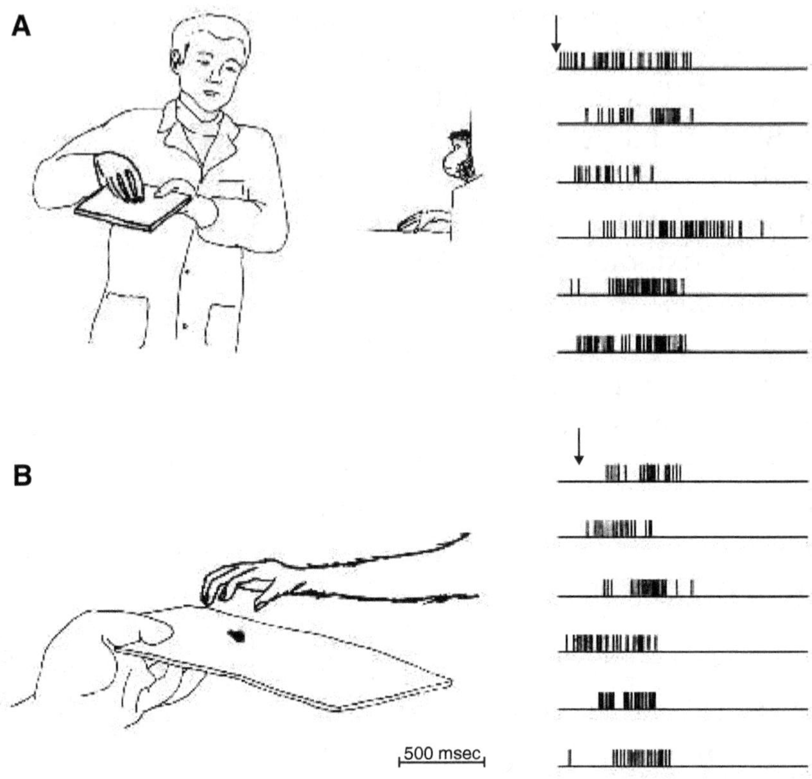

Fig. 4.1. Réponses visuelles et motrices d'un neurone miroir « saisir » (Adapté de Pellegrino *et al.*, 1992).

distingués : *une congruence au sens strict* et *une congruence au sens large*. On parle de *congruence au sens strict* quand un neurone montre une correspondance exacte entre l'action observée et l'action accomplie. Un exemple de neurones strictement congruents est illustré par la figure 4.2. Dans la situation A, le singe observe l'expérimentateur manipuler un raisin sec dans des directions opposées, dans le sens des aiguilles d'une montre puis dans le sens contraire, comme s'il voulait le briser : le neurone répond uniquement à une direction. Dans la situation B, l'expérimentateur tord un morceau de nourriture que le singe tient dans sa main : le neurone décharge quand l'animal oppose au mouvement de l'expérimentateur la rotation de son propre poignet en direction contraire de sorte qu'il brise le raisin sec. Enfin, dans la situation C, le singe s'empare d'un morceau de nourriture avec une prise de précision. Ni l'observation de la prise ni son exécution effective ne stimulent le neurone.

En revanche, nous avons une *congruence au sens large* lorsque les actes codés par le neurone en termes visuels et moteurs apparaissent clairement connectés, tout en n'étant pas identiques, et que leur lien peut présenter différents niveaux de généralité. Certains neurones, en effet, répondent à l'exécution d'un seul acte moteur (comme saisir, par exemple) et à l'observation de deux actes moteurs (saisir et tenir). D'autres neurones codent l'exécution ou l'observation d'un seul acte moteur, mais avec un degré différent de sélectivité. Considérons, par exemple, le comportement du neurone illustré dans la figure 4.3. Nous voyons qu'il s'active lorsque le singe observe l'expérimentateur saisir un objet avec une prise de précision *ou bien* lorsqu'il le saisit à pleine main, tandis qu'au niveau moteur il répond *uniquement* quand l'animal saisit l'objet avec une prise de précision. En outre, il existe des neurones qui codent visuellement une action, tandis qu'ils s'activent durant l'exécution d'une autre action pour ainsi dire logiquement connectée à la première. Un neurone miroir de ce type peut décharger en observant l'expérimentateur poser un morceau de nourriture sur une tablette, tandis qu'il s'active lorsque l'animal le saisit. Jusqu'à ce jour, ces neurones n'ont pas encore fait l'objet d'études théoriques approfondies. Il est vraisemblable, toutefois, que leur comportement soit une conséquence de l'organisation « en chaîne » des actes moteurs sur lesquels nous aurons l'occasion de nous attarder dans le dernier paragraphe de ce chapitre. En tenant compte de leurs différentes typologies, les neurones congruents au sens large représentent chez le singe environ 70 % des neurones miroirs.

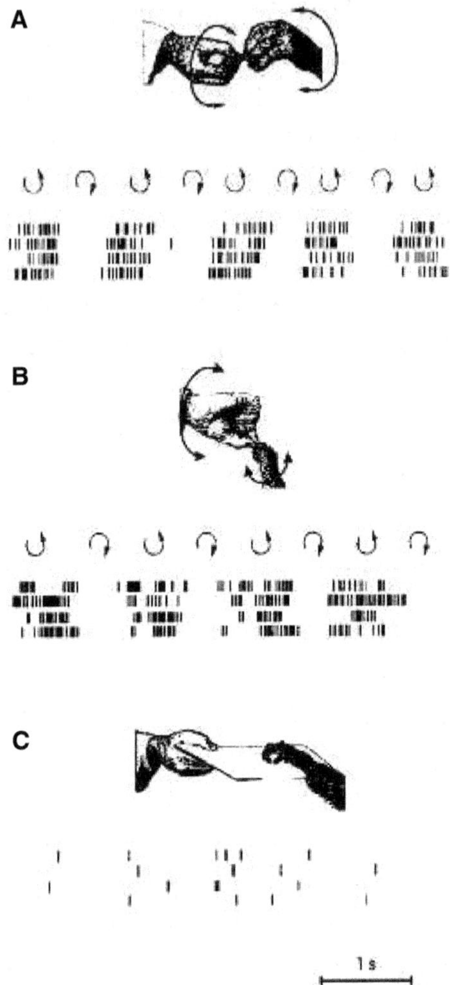

Fig. 4.2. Exemple d'un neurone miroir congruent au sens strict. (A) Le singe observe l'expérimentateur tenir un morceau de nourriture entre ses doigts et tourner les mains dans des directions opposées, respectivement, dans le sens des aiguilles d'une montre, puis dans le sens contraire. Le neurone répond uniquement à une direction de la rotation. (B) L'expérimentateur tord un morceau de nourriture tenu dans la main du singe qui s'oppose à ce mouvement par une rotation du poignet en direction contraire. (C) Le singe saisit la nourriture par une prise de précision. Dans chaque section de la figure sont indiquées quatre séries d'enregistrements. Les petites flèches au-dessus des séquences de décharge indiquent la direction des rotations (Rizzolatti *et al.*, 1966a).

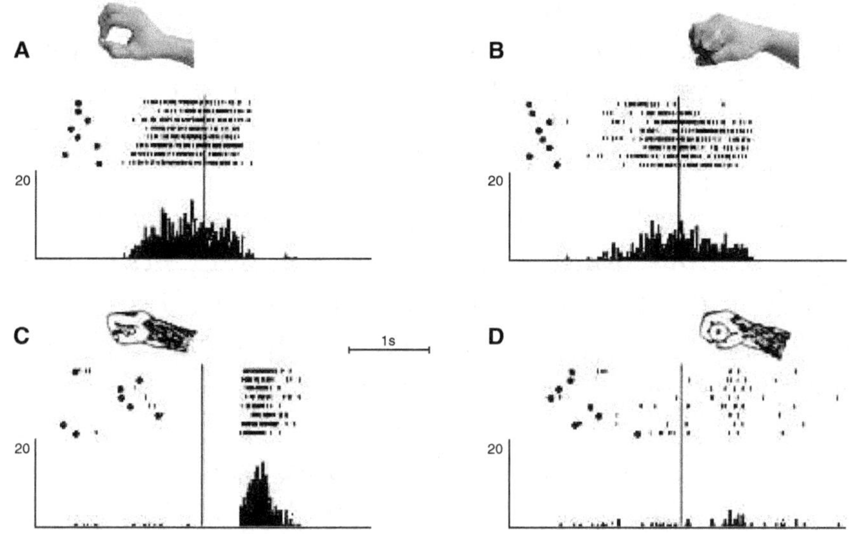

Fig. 4.3. Exemple d'un neurone miroir congruent au sens large. (A) L'expérimentateur saisit un morceau de nourriture avec une prise de précision. (B) L'expérimentateur saisit un objet à pleine main. (C) Le singe saisit la nourriture avec une prise de précision. (D) Le singe saisit un objet à pleine main. Le neurone montre une forte sélectivité pour la prise de précision. (Adapté de Gallese *et al.*, 1996.)

Ingérer et communiquer

Dans les exemples considérés jusqu'ici, nous nous sommes limités au cas des neurones miroirs qui s'activent en présence d'actes exécutés avec la main. De fait, les premières études concernant ce type de neurones se sont concentrées presque exclusivement sur la région dorsale de la main. Or, comme nous l'avons dit dans le premier chapitre, les microstimulations électriques et les enregistrements de certains neurones particuliers montrent que la région ventrale de F5 est dévolue également au contrôle des mouvements de la bouche. Dans une étude récente, il est apparu qu'environ un tiers des neurones de cette aire possède les propriétés visuo-motrices typiques des neurones miroirs et répond aussi bien à l'exécution effective d'actes moteurs avec la bouche qu'à l'observation d'actes analogues accomplis par un congénère[3].

La figure 4.4 illustre certaines actions exécutées par l'expérimentateur et par le singe dans le but de contrôler la spécificité des réponses motrices et visuelles des neurones enregistrés chez l'animal. Les clichés du haut et du centre représentent deux gestes transitifs caractéristiques (c'est-à-dire orientés vers un objet), liés à l'ingestion de nourriture (solide ou liquide), ceux du bas illustrent un des actes intransitifs (protrusion labiale) qui, avec d'autres (par exemple, le claquement des lèvres ou le grincement des dents) appartient au répertoire des comportements communicatifs des singes.

La majorité des neurones miroirs (environ 85 %) répond à la vue d'actes comme saisir un morceau de nourriture avec la bouche, le mastiquer ou le sucer. D'où le nom de *neurones ingestifs*.

Du point de vue fonctionnel, ces neurones ressemblent beaucoup aux neurones miroirs liés à la main : tout comme ces derniers, ils déchargent uniquement lorsque existe une interaction entre un effecteur et un objet ; la simple présentation d'un objet ou l'exécution de mouvements intransitifs n'induit aucune réponse significative. En outre, la majorité d'entre eux est sélective pour un type d'acte déterminé, tandis qu'environ un tiers montre une congruence stricte entre l'action observée et l'action exécutée (figure 4.5).

En revanche, tout à fait différent est le comportement des neurones miroirs qui répondent à l'observation d'actes accomplis avec la bouche, mais dotés d'une fonction communicative. La figure 4.6 nous en donne deux exemples. Dans le

---

3. Ferrari *et al.*, 2003.

Fig. 4.4. Exemples d'actions transitives et intransitives accomplies par l'expérimentateur et par le singe et utilisées pour l'étude des neurones miroirs de la bouche. De haut en bas : saisie d'un morceau de nourriture ; aspiration d'un jus de fruits contenu dans une seringue ; protrusion labiale (Ferrari *et al.*, 2003).

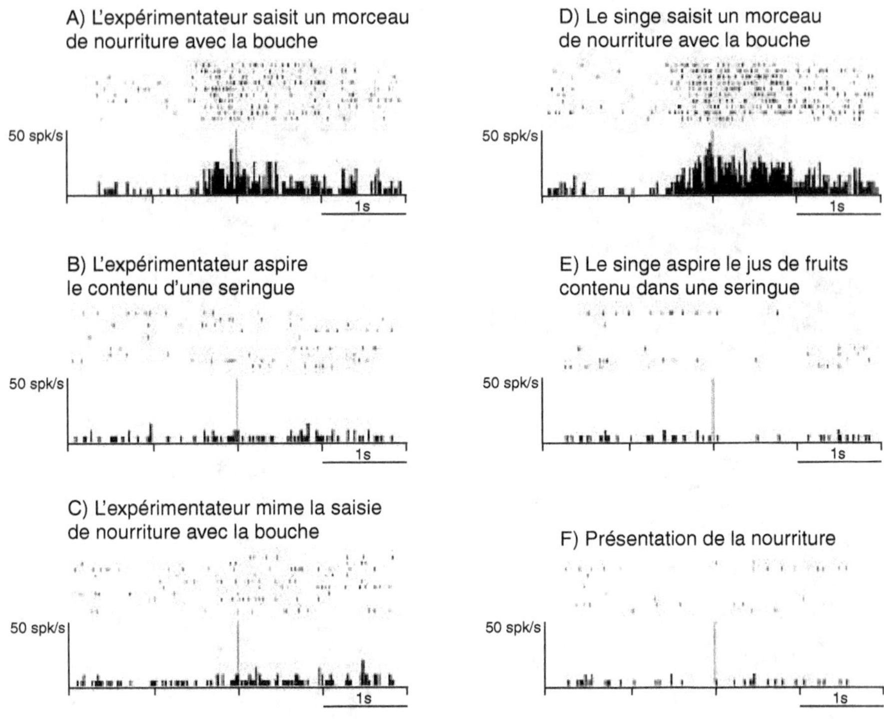

Fig. 4.5. Exemple d'un neurone miroir « saisir-avec-la-bouche ». (A) L'expérimentateur approche la bouche d'un morceau de nourriture placé sur un support et le saisit avec les dents. (B) L'expérimentateur approche la bouche d'une seringue contenant du jus de fruits, et l'aspire. (C) L'expérimentateur accomplit les mêmes actes qu'en (A), mais en se limitant à mimer la prise en l'absence de nourriture. (D) L'expérimentateur approche un morceau de nourriture du singe qui le saisit avec les dents et le mange. (E) L'expérimentateur approche du singe une seringue contenant du jus de fruits ; après avoir serré les lèvres et les dents, l'animal commence à aspirer le contenu de la seringue. (F) L'expérimentateur introduit un morceau de nourriture placé sur une baguette en bois dans le champ visuel du singe. Chaque panneau montre une série de dix essais et les histogrammes qui leur correspondent. Les essais et les histogrammes sont alignés sur le moment où la bouche de l'expérimentateur (réponse visuelle) ou bien celle du singe (réponse motrice) touchent la nourriture, ainsi que sur le moment où la nourriture est introduite dans le champ visuel de l'animal. Dans le cas (C), l'alignement correspond à la fin du mouvement. Ordonnée : *spikes*/s. Abscisse : temps. Amplitude *bin* = 20 ms (Ferrari *et al.*, 2003).

premier exemple, l'expérimentateur claque les lèvres (A), il les avance (B) et aspire le contenu d'une seringue (C) : l'observation par le singe de ces actions induit une réponse significative uniquement dans le cas (A). Toutefois, le même neurone s'active lorsque l'animal saisit de la nourriture avec la bouche, en avançant légèrement les lèvres et la langue – ce qui ne se produit pas s'il la prend sans avancer les lèvres. Dans le second exemple, l'expérimentateur avance les lèvres (A), tient de la nourriture entre les dents (B) et l'offre au singe (C) : ici aussi le neurone est activé uniquement par l'observation de l'action (A). Le neurone décharge aussi lorsque l'animal accomplit un acte ingestif caractéristique, comme aspirer un liquide contenu dans une seringue (D).

Il convient de remarquer que, contrairement aux autres neurones miroirs, les *neurones communicatifs* répondent à la vue d'actes intransitifs. On pourrait nous objecter que cette réponse ne concerne pas le stimulus visuel tel qu'il apparaît, mais le résultat de son interprétation par le singe en termes d'acte transitif de type ingestif. Ainsi, par exemple, la simple protrusion de la langue effectuée par l'expérimentateur évoquerait chez l'animal la représentation motrice de l'acte de lécher. Il est certain que cette explication est d'autant plus tentante qu'elle permet de ramener le comportement de tous les neurones miroirs à un cadre théorique unitaire. Cependant, elle est difficilement compatible avec le fait que l'observation d'actes de type ingestif induit une activation faible, pour ne pas dire nulle, des neurones miroirs communicatifs.

Quoi qu'il en soit, il nous reste à clarifier un point important : contrairement aux neurones miroirs liés aux mouvements de la main ou aux neurones ingestifs, les neurones communicatifs montrent une non-congruence entre réponse visuelle et réponse motrice : seule la première est de nature communicative, tandis que la seconde est ingestive. Du point de vue des aspects purement moteurs, il existe en général une bonne corrélation entre un acte

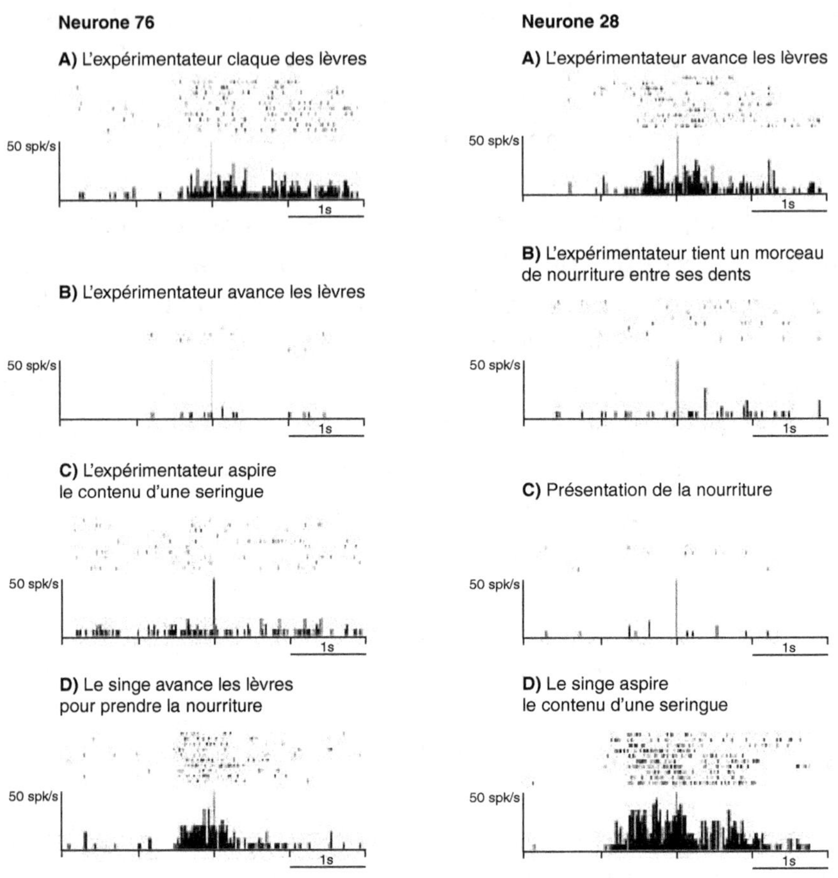

Fig. 4.6. Exemple de deux neurones miroirs communicatifs. Au cours de l'observation des actions, les décharges et les histogrammes de réponse ont été alignés sur la pleine expression de l'action. Neurone 76 : (A) l'expérimentateur claque les lèvres en regardant le singe. (B) l'expérimentateur avance les lèvres en regardant le singe. (C) l'expérimentateur approche la bouche d'une seringue contenant du jus de fruits et aspire le liquide. (D) l'expérimentateur approche un morceau de nourriture de la bouche du singe, qui avance les lèvres et le saisit. Neurone 28 : (A) l'expérimentateur avance les lèvres en regardant le singe. (B) l'expérimentateur approche la bouche d'un morceau de nourriture placé sur un support, le saisit et le tient entre ses dents. (C) l'expérimentateur introduit de la nourriture posée sur une baguette dans le champ visuel du singe. (D) l'expérimentateur approche du singe la seringue contenant du jus de fruits, après avoir serré les lèvres et les dents, l'animal commence à aspirer le liquide (Ferrari *et al.*, 2003).

observé et un acte exécuté : le neurone qui décharge durant l'observation de la protrusion des lèvres répond aux actes accomplis par le singe qui requièrent un mouvement analogue (par exemple, l'aspiration d'un liquide contenu dans une seringue), mais il ne répond pas aux autres actes : et cela vaut également pour le claquement des lèvres. Il n'en reste pas moins que la signification de ces actes est différente. Par ailleurs, au niveau expérimental, il est pour le moins compliqué d'amener l'animal à exécuter des gestes communicatifs durant l'enregistrement de certains neurones particuliers, mais, les rares fois où cela a été possible, on a constaté une réponse claire du neurone associé au geste communicatif (figure 4.7) : cela nous incite à penser que ce genre de réponse ne concerne pas seulement ces quelques rares neurones, mais beaucoup d'autres.

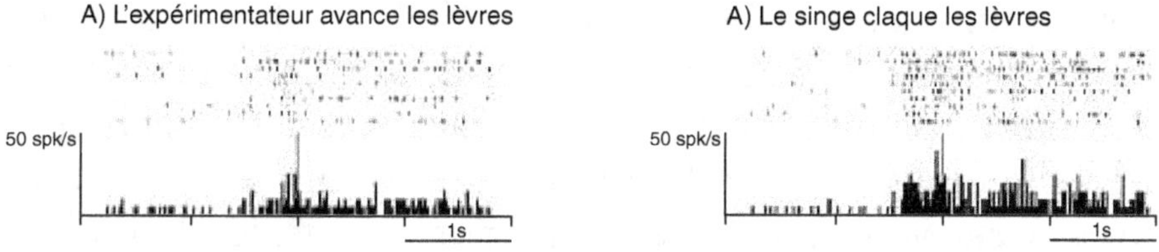

Fig. 4.7. Exemple de neurone miroir lié à l'observation de la protrusion des lèvres. (A) L'expérimentateur avance les lèvres en regardant le singe. (B) Durant la protrusion des lèvres, le singe répond presque simultanément au geste de l'expérimentateur en claquant ses propres lèvres (Ferrari *et al.*, 2003).

Ces difficultés expérimentales mises à part, le fait que l'ingestion et la communication renvoient à un substrat neural commun apparaît particulièrement significatif, surtout à la lumière de certaines études à caractère éthologique et évolutif menées sur des primates non humains[4].

---

4. *Cf.* à ce propos Van Hoof, 1962, 1967 ; mais voir également Maestripieri, 1996.

Certains actes communicatifs, comme le claquement des lèvres ou la protrusion labiale se seraient développés à partir d'un répertoire de mouvements originairement associés à l'ingestion et liés à la pratique du toilettage et de l'épouillage mutuel. On sait que parmi les primates non humains c'est la modalité principale d'affiliation et de cohésion sociale : non seulement cela permet la formation de groupes, mais, lorsque ceux-ci deviennent trop nombreux, ce comportement détermine de véritables « coalitions », qui ont pour fonction de protéger les individus des agressions des autres animaux. Or, lorsqu'un singe commence à saisir et à enlever les éventuels parasites présents du pelage d'un congénère, la plupart du temps, ses premiers mouvements sont accompagnés ou précédés d'un claquement des lèvres. Ce geste produit souvent un bruit beaucoup plus marqué que ceux qui caractérisent les actes de type ingestif, comme pour souligner sa signification différente. Le claquement des lèvres sans épouillage serait pour ainsi dire la *ritualisation* d'un acte moteur qui transforme les fonctions comportementales attachées à l'interagir en fonctions communicatives. Cela vaudrait également pour des gestes comme la protrusion des lèvres ou de la langue. En ce sens, la découverte de neurones miroirs communicatifs dans une aire comme F5, ainsi que l'apparente non-congruence entre les réponses visuelles et les réponses motrices, refléteraient un processus de corticalisation de certaines fonctions communicatives qui ne se seraient pas encore totalement affranchies de leur origine évolutive, c'est-à-dire de leur lien avec des actions transitives, comme porter à la bouche et ingérer un morceau de nourriture.

Les connexions
avec le sillon temporel supérieur
et le lobe pariéto-inférieur

Comme nous l'avons vu dans le deuxième chapitre, les neurones canoniques de F5 reçoivent une grande partie de l'information visuelle de l'aire intrapariétale antérieure (AIP). Qu'en est-il des neurones miroirs ? De quelles régions corticales tirent-ils leurs *inputs* sensoriels ?

Il y a une quinzaine d'années, David I. Perrett et ses collaborateurs[5] ont montré que la partie antérieure du sillon temporal supérieur (STS) du singe contient des neurones qui répondent sélectivement à l'observation d'une vaste gamme de mouvements corporels accomplis par un autre individu : certains s'activent lorsque l'animal voit un individu bouger la tête ou les yeux ; d'autres lorsqu'il le voit plier le tronc ou marcher ; d'autres encore codent des inter-actions spécifiques main-objet.

Les propriétés visuelles des neurones du dernier groupe apparaissent assez similaires à celles des neurones miroirs de F5. Chacune de ces deux populations de neuro-nes, en effet, code plus ou moins les mêmes types d'actes observés, avec divers niveaux d'abstraction (par exemple, la saisie avec la main, la saisie avec une prise de précision, etc.), et ne décharge pas en présence des mouvements intransitifs de l'expérimentateur ou des mouvements qui miment une action transitive efficace en l'absence d'objet. Mais il existe une différence substantielle : contrairement aux neurones miroirs de F5, les neurones de STS sont des

---

5. *Cf.* Perret *et al.*, 1989 ; Perret *et al.*, 1990.

neurones purement visuels qui ne s'activent pas durant les mouvements accomplis par l'animal ; par conséquent, ils sont privés de ce mécanisme d'accomplissement visuo-moteur qui est la caractéristique principale des neurones miroirs.

Les neurones de STS sont très intéressants, non seulement en raison de leurs propriétés, mais aussi parce qu'ils nous permettent de comprendre comment des neurones aussi complexes que les neurones miroirs ont pu apparaître. Ils nous montrent, en effet, que le codage des mouvements biologiques accompli par d'autres neurones se produit dans un système spécifique et que le processus d'identification de ces mouvements commence dans le système visuel. En ce qui concerne la genèse des neurones miroirs, on peut facilement penser que l'information visuelle soit envoyée, quoique indirectement, aux aires motrices, en adoptant le format moteur typique de ces derniers.

Mais comment l'information parvient-elle de STS à F5 ? Du point de vue anatomique, l'aire STS ne projette pas directement au cortex prémoteur ventral. En revanche, elle est fortement connectée au lobe pariétal inférieur et à certains secteurs du lobe préfrontal[6]. L'information visuelle relative aux actions observées peut donc atteindre F5 uniquement à travers une de ces deux voies ou les deux. La seconde, cependant, devrait être la moins importante : nous savons, en effet, que les connexions entre F5 et les secteurs du lobe préfrontal qui reçoivent les informations de STS ne sont pas très denses ; en revanche, F5 a de très riches connexions avec la partie rostrale du lobe pariétal inférieur, formée par les aires PF et PFG[7].

Du reste, le fait que le complexe PF-PFG-PFG peut être considéré comme une sorte de « pont » entre STS et F5 semble confirmé par les propriétés fonctionnelles de ses

---

6. Seltzer, Pandya, 1994.

7. *Cf.*, entre autres, Petrides, Pandya, 1984 ; Matelli *et al.*, 1996. Pour de plus amples précisions nous renvoyons le lecteur au premier chapitre de ce livre.

neurones. Les travaux de Jari Hyvärinen et de ses collaborateurs[8] ont montré que les neurones de ce complexe répondaient à des stimuli sensoriels (somato-sensoriels et visuels), et qu'environ un tiers d'entre eux s'activaient aussi durant des mouvements volontaires de la main ou de la bouche. Cependant, des recherches plus récentes[9] ont montré qu'environ 40 % des neurones qui répondent à des stimuli visuels s'activent lors de l'observation d'actes accomplis avec la main, comme saisir, tenir, atteindre, etc., et, ce qui est bien plus important, que beaucoup d'entre eux (environ 70 %) possèdent des propriétés motrices répondant lorsque le singe exécute des actions avec la main, avec la bouche ou avec les deux à la fois. D'où le nom de *neurones miroirs pariétaux*.

De même que les neurones de F5, les neurones miroirs pariétaux ne déchargent pas à la seule vue d'un agent, ou d'un objet, ni même quand un acte est mimé. La moitié d'entre eux sont sélectifs à l'observation d'un seul type d'acte, l'autre moitié à deux types d'actes (par exemple, saisir et relâcher). Le critère précédemment adopté vaut aussi pour la relation entre actions observées et actions exécutées : les neurones miroirs pariétaux sont en partie congruents au sens strict ou (le plus souvent) au sens large.

La fonction des neurones miroirs

À présent, tentons de comprendre quel est le *rôle fonctionnel* des neurones miroirs enregistrés dans les aires F5 et PF-PFG. Un examen superficiel pourrait nous faire

8. Leinonen *et al.*, 1979 ; Leinonen, Nyman, 1979 ; Hyvärinen, 1981. Voir également Graziano, Gross, 1995.

9. Fogassi *et al.*, 1988 ; Gallese *et al.*, 2002.

penser que leur activation, lors de l'observation par le singe d'une action exécutée par un tiers (en l'occurrence, par l'expérimentateur), serait due à des facteurs non spécifiques (comme l'attention ou l'attente de nourriture), ou bien qu'elle indique une préparation à l'action qui permettrait à l'animal de copier le plus rapidement possible les gestes qu'il perçoit afin de l'emporter sur d'éventuels compétiteurs. Si tel était le cas, ou bien les neurones miroirs n'auraient aucune fonctionnalité spécifique, ou bien ils ne représenteraient qu'une catégorie particulière de ces « neurones préparateurs » présents dans le cortex prémoteur, qui s'activent avant l'exécution effective des mouvements.

À bien y regarder, cependant, ces deux hypothèses s'avèrent irrecevables. La sélectivité des réponses de la majorité des neurones miroirs et la congruence visuomotrice constatée pour la plupart d'entre eux sont difficilement imputables aux comportements de l'animal liés à l'attente de nourriture ou à n'importe quel autre type de récompense donnée par l'expérimentateur. Il en est pour preuve l'expérience illustrée par la figure 4.8. En (A) et en (B), le singe, dont les neurones étaient enregistrés, observe un congénère ou bien l'expérimentateur pendant qu'il prend de la nourriture avec la main ; en (C), le singe exécute à son tour la même action. Bien que dans les deux premières situations l'animal n'ait pu atteindre la nourriture avec la main, et qu'en aucune des trois situations il ne reçoive une récompense, les séquences de décharge relevées apparaissent extrêmement convergentes.

L'explication de l'activité des neurones miroirs en termes de préparation à l'action se révèle tout aussi insatisfaisante. Toujours dans l'expérience illustrée par la figure 4.8, lorsque le singe enregistré voyait un congénère prendre un morceau de nourriture, il n'avait aucune raison de préparer l'action, puisqu'il ne pouvait en aucun cas s'emparer de cette nourriture. Du reste, lors des expériences examinées ci-dessus, l'activation des neurones miroirs

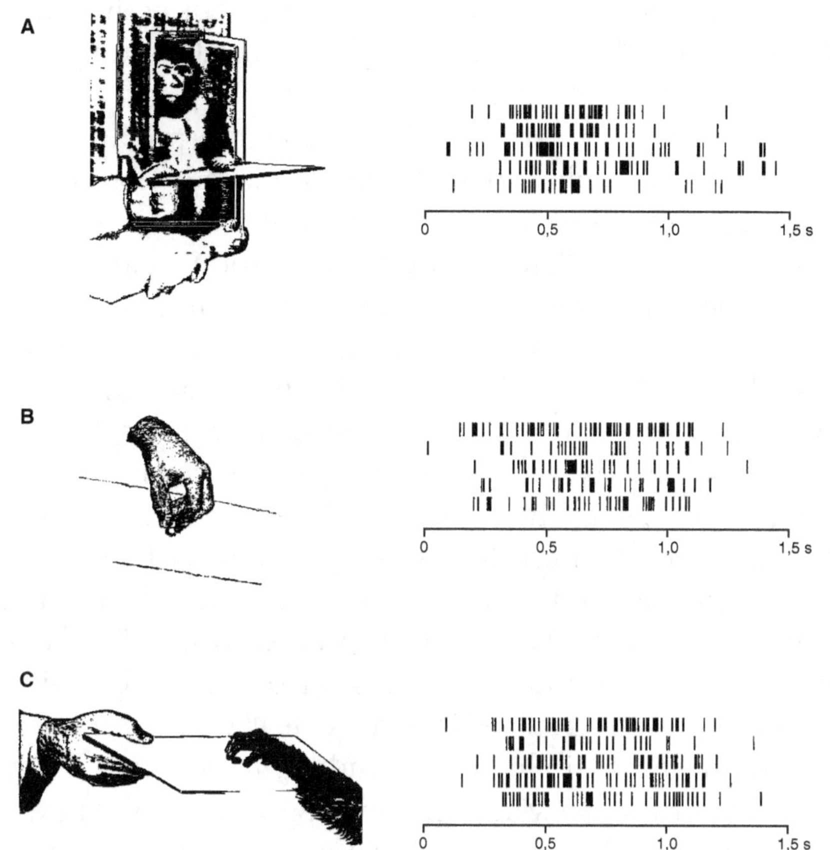

Fig. 4.8. Activation d'un neurone miroir « saisir ». Le singe enregistré (A) observe un autre singe, assis en face de lui, saisir de la nourriture ; (B) le singe observe l'expérimentateur saisir de la nourriture ; (C) le singe accomplit le même acte. Chaque panneau illustre 5 tentatives de 1,5 s. L'activité spontanée du singe enregistré est pratiquement absente (Rizzolatti *et al.*, 1996a).

déterminée par l'observation d'une action n'était pas non plus suivie par l'exécution de ce même acte moteur. En outre, nous ne devons pas oublier que, chaque fois que la situation expérimentale prévoyait qu'un morceau de nourriture soit approché du singe afin qu'il puisse le prendre, les neurones miroirs ne s'activaient pas. Si leur réponse avait été liée à la préparation de l'action, leur activité aurait dû être observable lors de cette phase qui, de fait, précédait l'exécution du mouvement par le singe.

Il y a de cela quelques années, une interprétation différente (mais bien plus sophistiquée) de la fonction des neurones miroirs a été proposée par Marc Jeannerod dans un article consacré à l'analyse de l'imagination motrice[10]. Que l'on pense, par exemple, à un élève qui, immobile, observe son professeur exécuter au violon un passage compliqué, en sachant qu'ensuite il devra l'exécuter à son tour. Afin de reproduire les mouvements rapides des mains et des doigts du professeur, l'élève doit pouvoir s'en former une image motrice. Or, selon Marc Jeannerod, les neurones responsables de la production de ces images motrices seraient les mêmes que ceux qui s'activent durant la planification et la préparation par l'élève de sa propre exécution. En d'autres termes, l'activation des neurones miroirs engendrerait une « représentation motrice interne » de l'acte observé, dont dépendrait la possibilité d'apprendre *par imitation*.

L'hypothèse de Marc Jeannerod est sans nul doute précieuse, et qui plus est en accord avec les données expérimentales que nous venons d'examiner. Le lien étroit entre les réponses visuelles et les réponses motrices des neurones miroirs semble indiquer, en effet, que la simple observation de l'action accomplie par un tiers évoque dans le cerveau de l'observateur un acte moteur potentiel analogue à celui spontanément activé durant l'organisation et l'exécution effective de l'action. Toutefois, dans le premier cas, celui-ci demeure un *acte potentiel* (ou plutôt une « représentation motrice interne »), tandis que dans le second cas, il se traduit par une série concrète de mouvements. Mais il est un point cependant sur lequel nous sommes en désaccord avec Marc Jeannerod, c'est que la *fonction principale* des neuro-

---

10. Jeannerod, 1994.

nes miroirs serait liée à des comportements à caractère imitatif.

Dans les chapitres suivants, nous aurons l'occasion d'analyser plus en détail l'ample gamme des phénomènes de « résonance » généralement classés sous le nom d'*imitation* (et parfois confondus avec lui), et d'étudier dans quelle mesure la capacité qu'ont les êtres humains d'apprendre à exécuter une action après l'avoir vue accomplir par un tiers dépend du système des neurones miroirs. Toutefois, ces dernières années, les éthologues semblent de plus en plus convaincus que l'imitation au sens strict du terme constitue une prérogative de l'homme et (vraisemblablement) des singes anthropomorphes, mais non des singes comme les macaques étudiés dans les expériences rapportées ci-dessus[11]. C'est pourquoi nous ne saurions suivre jusqu'au bout l'interprétation de Marc Jeannerod. Du point de vue de l'évolution, en effet, les neurones miroirs de F5 et du complexe PF-PFG ont une fonction plus originelle qu'il ne l'indique et, à partir des exemples que nous avons considérés, il est clair qu'avant même d'être à la base de l'imitation ils jouent un rôle majeur dans *la reconnaissance et la compréhension du sens des « événements moteurs », autrement dit, des actions d'autrui*[12].

Il convient de noter que par le terme « compréhension » nous n'entendons pas nécessairement la conscience explicite (ni *a fortiori* réflexive) chez l'observateur (en l'occurrence le singe) de l'identité ou de la ressemblance entre l'action observée et l'action exécutée. Plus simplement, ce mot nous sert à désigner la capacité immédiate de reconnaître dans les « événements moteurs » observés un type d'acte déterminé, caractérisé par une modalité spécifique d'interaction avec les objets, de différencier tel ou tel

---

11. *Cf.*, entre autres, Byrne, 1995 ; Tomasello, Call, 1997 ; Visalbrerghi, Fragaszy, 1990, 2002.

12. Di Pellegrino *et al.*, 1992.

type d'acte et, éventuellement, d'utiliser cette information pour y répondre de la façon la plus appropriée. Ce que nous avons dit à propos des neurones canoniques de F5 et des neurones visuo-moteurs de l'aire intrapariétale antérieure (AIP) est valable ici aussi : le stimulus visuel est immédiatement codé à partir de l'action motrice qui lui correspond, y compris en l'absence de son exécution effective. À la seule différence (non négligeable) que, dans le cas des neurones miroirs, le stimulus visuel n'est pas constitué par un objet ou par ses mouvements, mais par des mouvements qu'accomplit un autre individu et objectuellement corrélés suivant les modalités du saisir, du tenir ou du manipuler. À l'instar des objets, ces mouvements acquièrent une signification pour celui qui les observe en vertu du vocabulaire d'actes dont il dispose et qui règle ses possibilités d'action. Parmi celles-ci est incluse, pour le singe, l'action consistant à saisir un morceau de nourriture avec la main, à le tenir et à le porter à la bouche, etc., c'est pourquoi, dès que le singe voit la main de l'expérimentateur préfigurer la prise et s'orienter vers la nourriture, il en perçoit immédiatement la signification, *en comprenant* ces « événements moteurs » comme *un type d'acte déterminé*.

Représentation visuelle et compréhension motrice de l'action

Ces développements, toutefois, ne sauraient manquer de soulever une objection évidente : comme nous l'avons vu, dans les régions antérieures du sillon temporal supérieur (STS) ont été découverts des neurones qui répondent sélectivement à l'observation de mouvements corporels accomplis par un tiers, et, dans certains cas, à des interactions main-objet. Le lecteur se souviendra peut-être que les aires de STS sont connectées aux aires corticales visuelles, occipitales et temporales, formant un circuit à bien des égards parallèle à celui de la *voie ventrale* (*cf.* figure 2.7). Aussi, quel besoin avons-nous de supposer qu'à la base de la compréhension des actions d'autrui il existerait un système comme celui des neurones miroirs, qui code dans le cerveau de l'observateur l'acte qu'il perçoit en termes d'acte moteur personnel ? Ne serait-il pas beaucoup plus simple de penser que cette compréhension repose sur des mécanismes purement visuels d'analyse et de synthèse des différents éléments qui composent l'acte observé, sans postuler une quelconque implication de type moteur de la part de l'observateur ?

Les études de Perrett et de ses collaborateurs[13] ont montré que, dans la région antérieure de STS, le codage visuel des actions atteint des niveaux de complexité surprenants. Par exemple, il existe des neurones capables de combiner l'information relative à l'observation de la direction du regard d'un individu avec celles des mouvements qu'il est en train d'accomplir. Ces neurones s'activent uniquement dans le cas où le singe voit l'expérimentateur prendre un objet avec le regard tourné vers lui. Si l'expérimentateur regarde ailleurs, l'observation de son action ne détermine aucune décharge significative. Toutefois, ce genre de sélectivité ou, d'une façon plus générale, la capacité de relier des aspects visuels différents de l'action observée suffit-elle pour parler d'une véritable compréhension ? L'activation motrice, caractéristique des neurones miroirs de F5 et de PF-PFG, ajoute un élément qui peut difficilement être ramené aux seules propriétés visuelles des neurones de STS – et sans lequel l'association des traits visuels de l'action resterait tout au plus fortuite, autrement dit, privée de signification unitaire pour l'observateur.

---

13. Jellema *et al.*, 2000, 2002.

Du point de vue moteur, le lien entre l'acte d'atteindre et la direction du regard ne semble nullement accidentel : dès l'enfance, nous nous rendons compte que la meilleure façon pour atteindre un objet est de regarder dans sa direction. Comme toute stratégie couronnée de succès, celle-ci finit par faire partie de notre vocabulaire d'actes. Si bien que, chaque fois que nous voyons quelqu'un accomplir un acte de ce genre, notre système moteur entre pour ainsi dire *en résonance* et nous permet de reconnaître l'aspect attentionnel des mouvements observés et d'en comprendre le type d'action. En revanche, si nous relevions une discordance entre la direction de la main qui atteint l'objet et celle du regard, les mouvements que nous percevrions resteraient ambigus.

C'est en vertu de leurs propriétés visuo-motrices que les neurones miroirs sont capables de coordonner l'*information visuelle* avec la *connaissance motrice* de l'observateur. Ce qui caractérise l'activation des neurones miroirs, en tant que neurones moteurs, au cours d'une action, ce n'est pas seulement le fait qu'ils codent le genre, les modalités et les moments de sa réalisation, mais aussi le fait qu'ils en contrôlent l'exécution. Or, tout processus de contrôle moteur implique un mécanisme d'anticipation et, par conséquent, une corrélation entre une certaine activité neurale et les éventuels effets qu'elle entraîne. Dans le cas précis des aires F5 et PF-PFG, la *validation* de ces effets engendre une *connaissance motrice de base* de la signification des actes codés par les divers neurones – une connaissance qui peut être utilisée aussi bien lors de l'exécution de l'action que durant l'observation de cette action accomplie par un tiers. L'activation de la même configuration neurale révèle ainsi que la *compréhension* des actions d'autrui présuppose de la part de l'observateur la même connaissance motrice que celle qui règle l'exécution de ses propres actions.

L'hypothèse selon laquelle cette connaissance jouerait un rôle décisif dans l'élaboration de l'information sensorielle, au point que, sans elle, il serait difficile de parler d'une *compréhension de l'action*, semble confirmée par certaines expériences récentes. Maria Alessandra Umiltà et ses collaborateurs[14] ont montré en effet qu'une grande partie des neurones miroirs de F5 répondent à l'observation d'actions accomplies par l'expérimentateur, indépendamment du fait que, dans leur phase finale (autrement dit, lors de la phase cruciale de l'interaction main-objet) elles étaient cachées à la vue du singe. La figure 4.9 nous en donne un exemple. Le neurone est enregistré dans quatre situations différentes : en (A) le singe observe l'action de l'expérimentateur avec une totale visibilité de la phase finale de l'action (préhension de l'objet) ; en (B) le singe voit uniquement la phase initiale, la partie finale lui étant cachée par un écran ; en (C) et en (D) la condition expérimentale est analogue à (A) et à (B), sauf que l'expérimentateur se limite à mimer l'action, en l'absence de l'objet.

D'après les réponses du neurone, il est évident que le manque de vision de la phase finale de l'action par le singe ne modifie pas l'activation du neurone constatée dans la situation où l'action de l'expérimentateur était pleinement visible. Dans la situation (B) le singe avait vu placer derrière l'écran un objet. La réponse du neurone, cependant, ne peut pas être interprétée uniquement comme s'il s'agissait d'une « mémoire d'objet ». Dans ce cas, la décharge aurait dû commencer dès la présentation de l'objet. Or, il n'en est rien. Le comportement du neurone indique plutôt que l'objet évoque le même acte moteur potentiel, aussi bien quand le signe observe l'intégralité de l'action que quand il en perçoit seulement une partie – et c'est précisément cet acte moteur potentiel (cette « représentation motrice interne ») qui permet à l'animal d'intégrer la partie manquante, en reconnaissant dans la séquence partielle des mouvements perçus la signification d'ensemble d'une action.

---

14. Umiltà *et al.*, 2001.

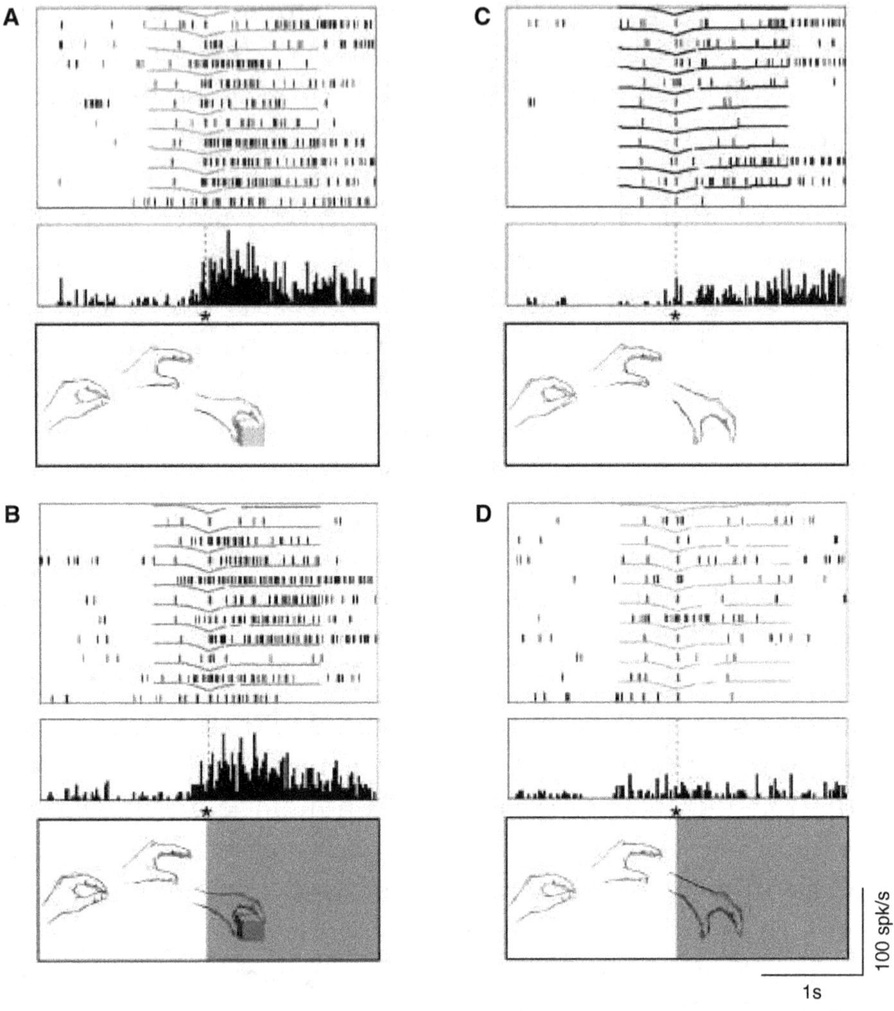

Fig. 4.9. Exemple d'un neurone miroir de F5 qui répond dans des conditions de visibilité pleine et partielle, mais non quand l'action est simplement mimée. La partie inférieure de chaque panneau illustre l'action de l'expérimentateur observée du point de vue du singe. En (A) et en (B), l'expérimentateur avance la main vers un objet et le saisit. En (C) et en (D), il imite l'acte de la saisie, sans que l'objet soit présent. Le paradigme expérimental consiste en deux situations de base : condition de pleine visibilité (A et C) ; condition de visibilité partielle (B et D). En (B) et en (D), la zone en gris représente l'écran qui empêchait le singe de voir la phase finale de l'action de l'expérimentateur. Dans la partie supérieure de chaque panneau sont indiqués les séquences de décharge et les histogrammes de réponse

des neurones de 10 essais consécutifs enregistrés durant les mouvements de la main de l'expérimentateur qui leur correspondent. La ligne verticale indique l'instant où la main de l'expérimentateur était plus proche d'une photocellule (dans le cas d'une vision partielle, c'était le moment où la main de l'expérimentateur commençait à disparaître derrière l'écran). Noter l'activité du neurone à peu près similaire en (A) et en (B), tandis qu'elle apparaît presque nulle en (C) et en (D) (Umiltà *et al.*, 2001).

Le fait que l'activation des neurones miroirs reflète la signification de l'action observée, et qu'elle ne dépend pas simplement de ses aspects visuels, a été montré également par une étude d'Evelyne Kohler et de ses collaborateurs[15]. Elle a permis d'identifier parmi les neurones miroirs de F5 un type particulier de neurones bimodaux (*neurones audio-visuels*), qui s'activent aussi bien lorsque le singe observe l'expérimentateur accomplir une action qui produit du bruit, que quand il écoute le bruit produit par cette action, sans toutefois la voir.

La figure 4.10 illustre le comportement de deux de ces neurones : non seulement ils apparaissent sélectifs pour un acte déterminé (casser une noisette), mais leurs réponses aux différentes situations prévues par le paradigme expéri-mental (vision et son, uniquement vision, uniquement son et exécution motrice) révèlent une claire congruence. Cela signifie que l'acte moteur potentiel évoqué est toujours le même, tandis que l'information sensorielle peut être cha-que fois différente. Les aspects visuels de l'action observée apparaissent significatifs uniquement quand ils permettent de la comprendre – mais si cette compréhension est possi-ble aussi sur d'autres bases (par exemple, sonores), les neu-rones miroirs sont capables de coder l'action accomplie par l'expérimentateur également en *l'absence* de tout stimulus visuel.

---

15. Kohler *et al.*, 2002. *Cf.* également Keysers *et al.*, 2003.

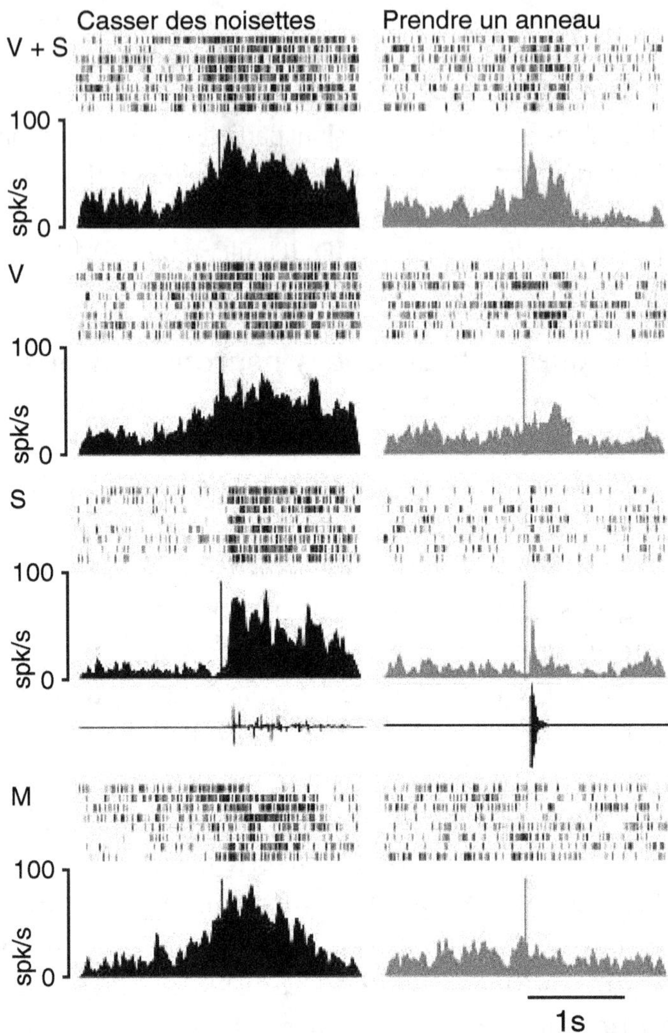

Fig. 4.10. Deux neurones miroirs audio-visuels de F5. Les lignes verticales, présentes dans chaque histogramme, indiquent dans la condition de vision et son (V +) et dans la condition de son uniquement (S) l'instant d'émission du son ; dans la condition de vision uniquement (V), elles

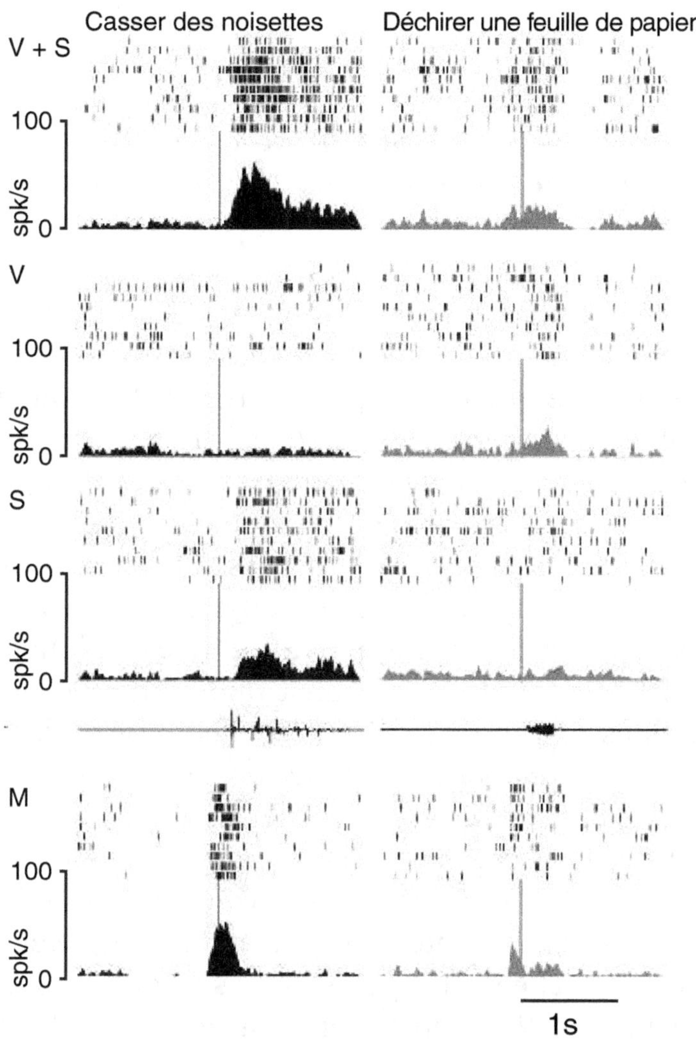

indiquent l'instant où le son aurait été émis si le stimulus n'avait pas été modifié ; enfin, dans la condition motrice (M), elles indiquent l'instant où le singe touche l'objet (Kohler *et al.*, 2002).

La « *mélodie* » de l'action
et la reconnaissance des intentions

L'idée que les neurones miroirs de F5 et de PF-PFG sous-tendent la compréhension des actions d'autrui ne signifie pas, bien entendu, que d'autres circuits neuraux ne puissent avoir une fonction analogue. Et encore moins que celle-ci soit l'unique fonction pouvant être ramenée à des mécanismes de « résonance », comme celui que nous venons de considérer. Du reste, dans les pages suivantes, nous aurons l'occasion de mesurer la portée du système des neurones miroirs en décrivant la gamme diversifiée des fonctions des aires corticales impliquées, ainsi que leur carte tant chez les primates non humains que chez l'homme. Cela ne diminue en rien le *caractère essentiel* de la compréhension de l'action médiatisée par les neurones miroirs de F5 et de PF-PFG, et caractérisée par la congruence de leurs réponses sensori-motrices. Il s'agit, nous l'avons vu, d'une forme de compréhension implicite, d'origine pragmatique et non pas réflexive, détachée d'une modalité sensorielle spécifique, mais liée aux actions potentielles inscrites dans ce vocabulaire d'actes, qui régit et contrôle l'exécution des mouvements chez chaque individu.

C'est pourquoi, il importe peu que l'information visuelle soit partielle ou qu'elle soit éventuellement remplacée par des stimuli de nature sonore ; même si elle était complète, ou extrêmement sophistiquée, comme celle que les neurones de STS sont capables de coder, il lui manquerait encore cette *prégnance motrice* qu'elle obtient uniquement de la connexion mutuelle des neurones de PF-PF et de F5, en vertu de laquelle les mouvements d'un autre corps perçu ou entendu assument pour celui qui les observe ou les écoute le sens spécifique d'actions intentionnelles. La maîtrise par l'individu de la signification de ses propres actes et la connaissance motrice qu'il obtient par la validation de leurs conséquences possibles apparaissent ainsi comme des conditions nécessaires et suffisantes pour lui garantir une compréhension immédiate des actes d'autrui. Ce constat est d'autant plus important qu'il ne vaut pas seulement pour des actes moteurs particuliers, comme ceux que nous avons considérés jusqu'ici (saisir, tenir, arracher, etc.), mais aussi pour leurs enchaînements éventuels en actions plus complexes, comme saisir un morceau de nourriture *pour* le porter à la bouche ou bien *pour* le déplacer.

Cet aspect de l'organisation motrice a été récemment étudié par Leonardo Fogassi et ses collaborateurs[16], lesquels ont enregistré une série de neurones miroirs pariétaux (figure 4.11 A), qui s'activaient lorsque le singe saisissait un objet, en étudiant les réponses dans un paradigme expérimental qui prévoyait deux situations différentes. Dans la première, en bougeant la main à partir d'une position fixée au préalable, le singe prenait un morceau de nourriture placé devant lui pour le porter à la bouche ; dans la seconde, en partant toujours de la même position, le singe prenait un morceau de nourriture (ou un objet) et le plaçait dans un récipient (figure 4.11 B).

Les résultats de l'expérience ont montré que la majorité des neurones étudiés s'activaient d'une manière différente selon que l'acte moteur qui suivait la saisie de l'objet consistait à le porter à la bouche ou à le mettre dans un récipient (voir tableau 4.1).

---

16. Fogassi *et al.*, 2005.

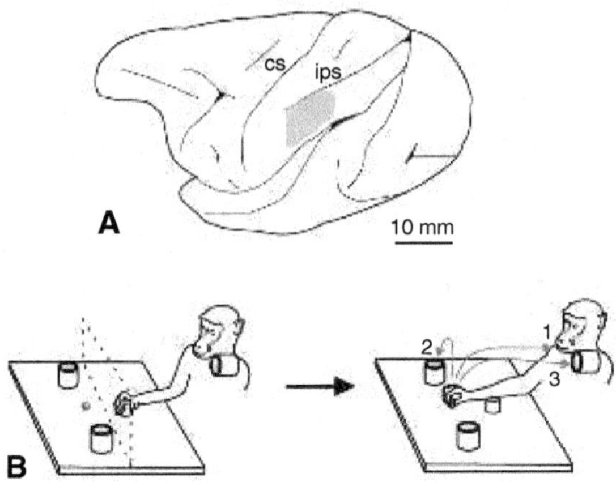

Fig. 4.11. (A) Représentation latérale du cerveau du singe montrant le secteur étudié du lobe pariétal inférieur. (B) Paradigme expérimental. Le récipient pouvait être placé près de la nourriture ou près de la bouche. Puisque la vitesse du mouvement d'atteinte/saisie est influencée par l'acte moteur suivant, en variant la position du récipient (et donc la cinématique du mouvement), on pouvait déterminer si la sélectivité des neurones dépendait de facteurs cinématiques ou de la finalité de l'action. Les expériences ont montré que ce qui déterminait la sélectivité neurale était la finalité de l'action (Fogassi *et al.*, 2005).

Tableau 4.1. Neurones du lobe pariétal inférieur
étudiés durant l'exécution de la saisie pour porter à la bouche
et de la saisie pour placer dans un récipient

Neurones influencés par le but final		
Porter à la bouche > Déplacer 77 (72,6 %)	Déplacer > Porter à la bouche 29 (27,4 %)	106 (64,2 %)
Neurones non influencés par le but final		
Porter à la bouche = Déplacer		59 (35,8 %)
Total		165 (100 %)

La figure 4.12 illustre le comportement de trois neurones. Deux neurones s'activent d'une manière clairement différente si la saisie est suivie par l'un ou l'autre acte moteur, tandis que le troisième code la saisie indépendamment de l'intention avec laquelle cet acte est accompli.

Une série de contrôles, où l'on examinait si le type d'objet saisi (nourriture ou non), ou la force avec laquelle il était saisi, pouvait expliquer la spécificité des neurones pour une certaine action (porter à la bouche ou déplacer), a permis d'écarter ces explications. L'étude de la cinématique (vitesse, accélération, etc.) des mouvements d'atteinte/ préhension a montré que la spécificité des différents neurones pour une action déterminée ne dépendait pas des paramètres moteurs sur la base desquels l'acte était exécuté.

Il peut sembler étrange que les neurones moteurs pariétaux soient consacrés à une action spécifique. N'est-ce pas un gâchis, en effet, que notre cerveau ait des neurones « saisir » spécialisés uniquement pour des actions déterminées ? Ne serait-il pas plus économique de pouvoir les utiliser d'une manière interchangeable pour toutes les actions où il convient de saisir un objet ? Il y a toutefois un aspect fondamental de l'organisation motrice qui doit être considéré : la fluidité des mouvements, caractéristique des actions humaines et de nombreux animaux. L'organisation neurale que nous venons de décrire apparaît idéale pour parvenir à cette fluidité. Les neurones « saisir » sont insérés dans une chaîne préformée qui code l'action tout entière. Ainsi, chaque neurone code la préhension, mais est aussi rattaché à l'acte moteur suivant, or ce lien facilite l'exécution fluide de l'action.

Mais l'aspect probablement le plus intéressant de l'étude de Fogassi et de ses collaborateurs est la constatation d'une spécificité analogue à la spécificité motrice quand le singe observe l'expérimentateur accomplir les mêmes chaînes d'actes. Dans ce cas aussi les neurones s'activent d'une manière différente selon le type d'action qu'ils codaient, montrant en outre une congruence claire entre les réponses motrices et les réponses visuelles (tableau 4.2, figures 4.13 et 4.14).

Tableau 4.2. Neurones du lobe pariétal inférieur
étudiés durant l'observation de la saisie pour porter à la bouche
et de la saisie pour placer dans un récipient

Neurones influencés par le but final		
Porter à la bouche > Déplacer	Déplacer > Porter à la bouche	
23 (74,2 %)	8 (25,8 %)	31 (75,6 %)
Neurones non influencés par le but final		
Porter à la bouche = Déplacer		10 (24,4 %)
Total		41 (100 %)

Il est important de noter que, aussi bien durant l'exécution effective de l'action par le singe que durant l'observation de l'action exécutée par l'expérimentateur, les neurones s'activaient lorsque la main (du singe ou de l'expérimentateur) préfigurait la préhension de la nourriture (ou de l'objet). Le fait qu'ils codent la signification intentionnelle de l'action durant son exécution (saisir *pour* porter à la bouche ou bien saisir *pour* déplacer) dès le premier mouvement accompli ne semble pas particulièrement surprenant. Lorsque le singe dirige la main vers un morceau de nourriture, il sait déjà clairement s'il le portera à sa bouche ou s'il le déplacera : alors que sa main ne se déploiera totalement que dans l'articulation des mouvements successifs, cette intention ne peut pas ne pas se refléter dans l'acte moteur initial. Par ailleurs, l'organisation des champs récepteurs des neurones pariétaux favorise aussi l'organisation des actions motrices en *chaînes motrices* spécifiques. Preuve en est, par exemple, que de nombreux neurones pariétaux qui répondent à la flexion passive de l'avant-bras ont des champs récepteurs tactiles localisés sur la bouche, et que certains d'entre eux s'activent aussi durant des actes comme prendre avec la bouche : ces neurones semblent ainsi faciliter l'ouverture de la bouche lorsqu'un objet est atteint ou saisi par la main de l'animal[17].

Tout à fait différente était la situation où le singe voyait la main de l'expérimentateur prendre un morceau de nourriture ou un autre objet. Le fait que ce stimulus visuel activait la même configuration neurale, ou bien le même ensemble d'actes moteurs potentiels qui président à l'exécution par l'animal non seulement de cet acte, mais de la chaîne motrice tout entière, montre que le singe était capable d'en saisir immédiatement la dynamique intentionnelle concrète, en anticipant le résultat auquel répondaient les mouvements initiaux de l'expérimentateur. Certes, divers indices pouvaient aider l'animal à donner un sens à l'acte moteur observé. Du reste, sans eux, la compréhension du but de l'action n'aurait pu se produire que par magie ! Parmi ces indices figurait tout d'abord le contexte : la présence ou non du récipient. S'il était présent, l'expérimentateur y déposait un morceau de nourriture : autrement, il le portait à la bouche. Les indices pouvaient aussi interagir entre eux : la plupart des neurones qui répondaient à l'observation de la saisie d'un morceau de nourriture destiné à être ingéré déchargeaient aussi, bien que faiblement, durant la saisie destinée à le déplacer, quand l'objectif de l'action était la nourriture et non pas un objet tridimensionnel quelconque. Comme si sa seule présence induisait une légère activation de la chaîne des actes qui aboutissait au fait de le porter à la bouche, et cela même lorsque le contexte indiquait que son déplacement était le choix le plus probable. D'autres, en revanche, à mesure que l'action se répétait, diminuaient l'intensité de la réponse – comme si l'activation de la chaîne « saisir-pour-déplacer » inhibait progressivement l'activation de la chaîne « saisir-pour-porter-à-la-bouche ».

---

17. Pour d'autres exemples, voir Yokochi *et al.*, 2003.

Tout cela ne fait que confirmer l'importance de cette connaissance motrice qui, nous l'avons vu, est décisive pour la compréhension des actes particuliers exécutés par les autres et qui, dans le même temps, en étend le rôle et la fonction. Cette connaissance, en effet, permettrait non seulement de reconnaître la signification des actes observés lorsqu'ils sont accomplis de façon isolée, mais aussi lorsqu'ils font partie de chaînes motrices plus ou moins articulées. Dans ce dernier cas, leur signification n'est plus déterminée de façon univoque par la modalité spécifique de référence qui caractérise les divers types d'actes et qui les différencie les uns des autres. La saisie n'est plus simplement telle, mais un saisir pour porter à la bouche ou pour déplacer : ici l'intention en action transcende l'acte particulier et en modifie la signification dans un sens ou dans l'autre. Si les champs récepteurs des neurones moteurs n'étaient pas organisés de la façon qu'ont révélée Fogassi et ses collaborateurs, le cerveau du singe pourrait difficilement réaliser cette intention, en lui permettant d'accomplir des séquences d'actes, avec cette fluidité qui les rendent semblables, pour reprendre une image chère à Alexandre Romanitsh Lurija, à de véritables « mélodies cinétiques[18] ». Toutefois, si ces neurones n'avaient pas eu des propriétés miroirs, le singe aurait été incapable de saisir *immédiatement* l'intention qui animait ces mélodies lorsqu'elles étaient exécutées par d'autres, et d'en préfigurer, dès les premiers mouvements, non tant les éventuels résultats partiels (par exemple, prendre un morceau de nourriture avec la main), que les résultats d'ensemble (le porter à la bouche ou le déplacer). Plus l'information offerte par le contexte et par l'objet interagissant avec la main du sujet observé (en l'occurrence, l'expérimentateur) était univoque, plus l'activation des actes moteurs poten-

---

18. Lurija, 1973, p. 198.

tiels pertinents apparaissait sélective. Mais, comme cela se produit souvent, et pas seulement lors de certaines expériences, même dans le cas où les stimuli sensoriels (les actions observées) présentaient quelque ambiguïté, le déclenchement d'un ou plusieurs actes moteurs potentiels, intentionnellement enchaînés entre eux, permettait au singe de déchiffrer les intentions de l'agent de l'action et de choisir celle qui était chaque fois compatible avec le scénario observé, jusqu'à identifier l'intention qui permettait le mieux de caractériser ce scénario – lorsque ce déchiffrement ou ce choix était lié à la même connaissance motrice qui guidait et modulait l'exécution de ces mêmes chaînes d'actes par l'animal.

CHAPITRE 5

LES NEURONES MIROIRS
CHEZ L'HOMME

Les premières preuves

La découverte des neurones miroirs chez le singe a d'emblée suggéré l'idée qu'un système de résonance similaire pouvait exister également chez l'homme. Il arrive souvent – et pas seulement dans le domaine de la neurophysiologie – que des observations nouvelles permettent de relire et de réinterpréter des données déjà connues. C'est ce qui s'est passé dans ce cas : des preuves, quoique indirectes, de l'existence chez l'homme d'un mécanisme, que nous interprétons aujourd'hui comme un mécanisme miroir, étaient décelables dans des études d'électroencéphalographie (EEG) menées au cours de la première moitié des années 1950 sur la réactivité des rythmes cérébraux à l'observation de certains mouvements.

Comme on le sait, l'électroencéphalogramme permet d'enregistrer les variations de l'activité électrique spontanée du cerveau et d'en classer les divers rythmes sur la base des différentes fréquences d'ondes : chez les sujets adultes normaux, au repos et les yeux fermés, prévalent le rythme alpha (8-12 Hz) dans les régions postérieures du cerveau, et les rythmes désynchronisés, autrement dit, des rythmes de fréquence élevée et de bas voltage, dans le lobe frontal. En outre, on observe souvent un rythme semblable au rythme alpha mais localisé dans les régions centrales : le rythme mu. Le rythme alpha prévaut quand les systèmes sensoriels, en particulier le système visuel, sont inactifs : il suffit que le sujet enregistré ouvre les yeux pour que ce rythme disparaisse ou s'atténue d'une façon considérable. En revanche, le rythme mu est prédominant tant que le système moteur reste dans l'état de repos : un mouvement actif ou une stimulation somato-sensorielle suffisent à le désynchroniser.

Les expériences réalisées en 1954 par Henri Gastaut et ses collaborateurs[1] ont montré que l'observation d'une action exécutée par un tiers entraînait un blocage du rythme mu chez les sujets examinés. À plus de quarante ans de distance, encouragés par la découverte des neurones miroirs, Vilayanur S. Ramachandran et ses collaborateurs ainsi que l'équipe dirigée par Stéphanie Cochin[2] ont repris ces expériences, en utilisant des méthodologies plus raffinées. Le groupe de chercheurs dirigé par Stéphanie Cochin a montré, en particulier, lors d'observations que des mouvements de la jambe ou du doigt étaient accompagnés d'une désynchronisation du rythme mu – ce qui ne se produisait pas lors de l'observation d'un stimulus visuel de nature objectuelle : le rythme bloqué ou désynchronisé lorsqu'un sujet exécutait des mouvements l'était aussi lors de l'observation de ces mêmes mouvements.

Des résultats analogues ont été obtenus grâce à une série de recherches fondées sur l'emploi de la magnéto-encéphalographie (MEG), une technique de mesure des champs magnétiques induits par l'activité électrique des

---

1. Gastaut, Bert, 1954 ; Cohen-Seat *et al.*, 1954.
2. Altschuler *et al.*, 1997, 2000 ; Cochin *et al.*, 1998, 1999.

neurones du cerveau. Ces recherches ont également montré que, tant la manipulation d'un objet que l'observation de la même tâche exécutée par un tiers étaient accompagnées d'une désynchronisation des rythmes mu dans le cortex précentral.

La preuve la plus convaincante que le système moteur de l'homme possède des propriétés miroirs a été fournie par certaines études de stimulation magnétique trans-crânienne (*transcranial magnetic stimulation*, SMT). La SMT est une technique non effractive de stimulation du système nerveux. Lorsqu'un stimulus magnétique est appliqué sur le cortex moteur, avec une intensité appropriée, on parvient à enregistrer des potentiels évoqués moteurs (PEM) dans les muscles controlatéraux. Puisque l'amplitude de ces potentiels est modulée par le contexte comportemental, cette technique peut être utilisée pour contrôler l'état d'excitabilité du système moteur dans différentes conditions expérimentales.

Luciano Fadiga et ses collaborateurs[3] ont enregistré les PEM induits par la stimulation du cortex moteur gauche, dans les divers muscles de la main et du bras droit de sujets auxquels il avait été demandé d'observer un expérimentateur pendant qu'il saisissait des objets avec la main ou qu'il accomplissait des gestes apparemment insignifiants, sans aucun corrélat objectuel. Dans les deux cas, on a constaté une augmentation sélective des PEM dans les muscles activés par l'exécution des mouvements observés. Tandis que l'augmentation des PEM, lors de l'observation d'actes transitifs (autrement dit, dirigés vers un objet), était cohérente avec les données recueillies dans les études sur le singe, leur augmentation lors de l'observation d'actes intransitifs (non dirigés vers un objet) était pour le moins surprenante, dans la mesure où les neurones miroirs du

---

3. Fadiga *et al.*, 1995. Voir également Maeda *et al.*, 2002.

singe ne répondent pas lors de l'observation de mouvements non finalisés du bras.

Mais là n'est pas la seule différence entre le système miroir de l'homme et celui du singe : l'enregistrement des PEM dans les muscles de la main de sujets normaux qui observaient l'expérimentateur exécuter les mouvements typiques de la préhension a montré que l'activation du cortex cérébral moteur reproduisait fidèlement le décours temporel des divers mouvements observés – ce qui semble suggérer que les neurones miroirs chez l'homme sont capables de coder aussi bien le *but* de l'acte moteur que les *aspects temporels* des mouvements particuliers qui le composent[4].

Les études d'imagerie cérébrale

Nous verrons bientôt que ces différences peuvent avoir d'importantes significations fonctionnelles. Mais, auparavant, il convient de noter que si des techniques électrophysiologiques, telles que l'EEG, la MEG et la SMT, parviennent à enregistrer les activations spécifiques du système moteur induites chez des sujets humains lors de l'observation d'actions accomplies par un tiers, toutefois, leur utilisation ne nous permet pas de *localiser* les aires corticales et les circuits neuraux impliqués et, par conséquent, d'identifier l'architecture complexe du système des neurones miroirs chez l'homme. Pour ce faire, il est nécessaire de recourir à des méthodologies d'imagerie cérébrale, et en particulier à la tomographie par émissions de positrons (PET) et à l'imagerie par résonance fonctionnelle

---

4. Gangitano *et al.*, 2001.

(IRMf), lesquelles permettent de visualiser en 3D, avec une définition spatiale remarquable, les variations du flux sanguin induites dans les différentes régions du cerveau par l'exécution et l'observation d'actes moteurs spécifiques, et de mesurer ainsi leur degré respectif d'activation.

Toutefois, les résultats de la première expérience furent pour le moins décevants[5]. On demanda à des sujets de regarder des images qui représentaient des mouvements de préhension exécutés par une main virtuelle. Le PET n'enregistra pas d'activité significative dans les aires motrices pouvant correspondre au cortex prémoteur ventral du singe ; les résultas obtenus par ces études électrophysiologiques ne semblaient pas trouver d'explication.

On décida alors de répéter l'expérience[6]. Mais avec une variante : les mouvements observés n'étaient plus exécutés par une main virtuelle, mais par une main réelle. Cette fois, les données de la PET furent positives : ils confirmèrent ce qui était apparu dans l'analyse des neurones miroirs du singe, à savoir qu'il existe des aires frontales qui s'activent à l'observation d'actes exécutés avec la main. Des études récentes de IRMf ont permis une localisation plus précise des aires impliquées dans le système des neurones miroirs : les aires constamment actives lors de l'observation des actions d'autrui sont la portion rostrale (antérieure) du lobe pariétal inférieur, le secteur inférieur du gyrus précentral et le secteur postérieur du gyrus frontal inférieur. Dans certaines conditions expérimentales, on a constaté également l'activation d'une région plus antérieure du gyrus frontal inférieur et du cortex prémoteur dorsal (voir figure 5.1).

Bien qu'il soit toujours risqué d'interpréter les informations sur l'activité corticale obtenues par imagerie céré-

---

5. Decety *et al.*, 1994.

6. Rizzolatti *et al.*, 1996b. Voir également Grafton *et al.*, 1996 ; Grèzes *et al.*, 1998, 2001.

brale en termes d'aires cytoarchitectoniquement distinctes, il semblerait que la région activée dans le lobe pariétal inférieur corresponde à l'aire 40 de Brodmann, laquelle représenterait l'homologue humain de l'aire PF qui, comme nous l'avons vu, constitue une partie du système des neurones miroirs chez le singe. Plus complexe, en revanche, est la question relative aux aires du secteur inférieur du gyrus précentral et du secteur postérieur du gyrus inférieur. On a longtemps cru qu'il s'agissait de régions radicalement distinctes et privées de connexions fonctionnelles : le secteur postérieur du gyrus frontal inférieur correspondrait à l'aire 44 de Brodmann, c'est-à-dire à la partie postérieure de ce qu'on appelle l'aire de Broca, traditionnellement dévolue au contrôle des mouvements de la bouche nécessaires à l'expression verbale.

Il convient de rappeler qu'au début du XXe siècle Walter Campbell, l'un des pères fondateurs de la cytoarchitectonique, avait déjà attiré l'attention sur les analogies anatomiques entre les aires du secteur postérieur du gyrus frontal inférieur et les aires du secteur inférieur du gyrus précentral, en forgeant le terme de cortex « précentral intermédiaire[7] ». Toutefois, ces indications ont été longtemps négligées. Ce n'est que ces dernières années, en effet, que des études d'anatomie comparée ont montré que l'aire 44 de Brodmann pouvait être considérée comme l'homologue humain de l'aire F5 du singe[8] ; en outre, il est apparu de plus en plus clairement que cette aire possède une représentation non seulement des mouvements de la bouche, mais aussi de la main[9].

Cela suffit-il pour attribuer à cette aire un rôle clé dans le système des neurones miroirs chez l'homme ? Pouvons-nous vraiment pousser aussi loin l'homologie

---

7. Campbell, 1995.
8. Petrides, Pandya, 1997.
9. Krams *et al.*, 1997.

fonctionnelle avec l'aire F5 du singe au point d'interpréter les réponses enregistrées dans les expériences d'imagerie cérébrale comme autant de preuves que les neurones du secteur postérieur du gyrus frontal inférieur posséderaient, de même que F5, des propriétés miroirs ? Ne serait-il pas plus simple de supposer que leur activation reflète l'émergence d'une « représentation verbale interne[10] » ? Il nous arrive souvent de décrire mentalement une action pendant que nous l'observons, en nous disant éventuellement : « Zut ! Untel est en train de prendre ma tasse de café ! » Ne se pourrait-il pas que quelque chose de semblable soit arrivé aux sujets soumis à la PET ? Au fond, il s'agit toujours d'une projection de l'aire de Broca !

Pour répondre à ce genre d'objection, Giovanni Buccino et ses collaborateurs[11] ont mené une expérience de IRMf en demandant à des étudiants de regarder des vidéoclips où un acteur exécutait des actions transitives (mordre dans une pomme, prendre une tasse de café, donner un coup de pied dans un ballon) ou bien mimait ces actions. L'observation des mouvements transitifs exécutés avec la bouche activait deux foyers dans le lobe frontal – le premier correspondait à la partie postérieure du gyrus frontal inférieur et le second à la partie inférieure du gyrus précentral – et deux foyers dans le lobe pariétal inférieur. L'observation des mouvements transitifs exécutés avec la main induisait des activations similaires, mais celle de la partie inférieure du gyrus précentral était située plus dorsalement, tandis que l'activation rostrale du lobe pariétal se déplaçait postérieurement. Quant aux actions transitives exécutées avec le pied, on constatait une seule activation frontale, plus dorsale que celles relevées lors de l'observation des actions exécutées avec la bouche et la main, et un déplacement postérieur de l'activation pariétale. En

---

10. *Cf.* Grèzes, Decety, 2001 ; Heyes, 2001.
11. Buccino *et al.*, 2001.

d'autres termes, malgré un degré notable de superpositions, le système des neurones miroirs présentait une organisation somato-topique, avec des foyers corticaux dévolus à une action exécutée avec la main, avec la bouche et le pied. L'observation des actions mimées produisait des activations analogues, mais limitées au lobe frontal (figure 5.2).

Si l'interprétation en termes de médiation verbale avait été correcte, l'aire de Broca aurait dû s'activer indépendamment du type d'action observée et de l'effecteur utilisé. En outre, nous n'aurions dû constater aucune activation du cortex prémoteur. Or, les données ci-dessus indiquent exactement le contraire. Ainsi, à moins de recourir à une hypothèse *ad hoc*, et pour le moins saugrenue, et de soutenir, par exemple, qu'une représentation verbale serait présente lors de l'observation des mouvements exécutés avec la bouche et la main, pour ensuite disparaître (magiquement) dans l'observation des mouvements exécutés avec le pied, il ne nous reste qu'à admettre que l'activation de l'aire de Broca reflète le comportement caractéristique des neurones miroirs. Qui plus est, d'après l'expérience de Buccino et de ses collaborateurs, il apparaît clairement que le système des neurones miroirs chez l'homme comprend, outre l'aire de Broca, de larges parties du cortex prémoteur et du lobe pariétal inférieur.

Enfin, cette expérience montre que le système des neurones miroirs ne se limite pas aux mouvements de la main, ni même aux actes transitifs, mais qu'il répond aussi aux actes imités.

La compréhension réciproque des actions et des intentions

Ainsi donc, tant les études d'électrophysiologie que les études d'imagerie cérébrale confirment l'hypothèse d'une présence chez l'homme de mécanismes de « résonance » analogues à ceux du singe. Avec quelques différences notables : le système des neurones miroirs apparaît plus étendu chez l'homme que chez le singe – bien que cette conclusion doive être considérée avec prudence, en raison des différentes techniques employées dans les deux cas : enregistrer l'activité de certains neurones particuliers est une chose, analyser l'activation des différentes aires corticales sur la base des variations du flux sanguin en est une autre. Mais ce qu'il importe surtout de noter, c'est que le système des neurones miroirs chez l'homme possède des propriétés qu'on ne retrouve pas chez le singe : il code des actes moteurs transitifs et intransitifs ; il est capable de sélectionner aussi bien le type d'acte que la séquence des mouvements qui le composent ; enfin, il ne requiert pas une interaction effective avec les objets, il s'active aussi quand l'action est simplement mimée.

Comme nous l'avons dit, ces propriétés peuvent avoir d'importantes implications fonctionnelles. Toutefois, le fait que, chez l'homme, le système des neurones miroirs présente une gamme de fonctions plus large que celles du singe ne doit pas nous faire oublier que son rôle *principal* est de nous permettre de *comprendre la signification des actes d'autrui*. Les expériences de SMT, en effet, ont montré que l'observation d'actes exécutés avec la main par un tiers induit une augmentation des potentiels évoqués moteurs enregistrés dans les mêmes muscles de la main utilisés par l'observateur pour accomplir ces mêmes actes. En outre, les recherches d'imagerie cérébrale ont mis en évidence que les activations du lobe frontal dues à l'observation d'actes exécutés avec la main, la bouche et le pied correspondent, avec une certaine approximation, à la représentation traditionnelle des mouvements de ces mêmes effecteurs.

Tout comme chez le singe, la vue d'actions accomplies par autrui détermine chez l'observateur humain une implication immédiate des aires motrices dévolues à l'organisation et à l'exécution de mêmes actions. En outre, chez le singe, comme chez l'homme, cette implication permet de déchiffrer la *signification* des « événements moteurs » observés, autrement dit, de les *comprendre* en termes d'action – lorsque cette compréhension apparaît privée de toute médiation réflexive, conceptuelle ou linguistique, étant fondée uniquement sur ce *vocabulaire d'actes* et sur cette *connaissance motrice* dont dépend notre capacité d'agir elle-même. Enfin, tout comme chez le singe, cette compréhension chez l'homme ne concerne pas seulement des actes particuliers, mais des chaînes entières d'actes, et les différentes activations du système des neurones miroirs montrent que celui-ci est capable de coder la signification que revêt chaque acte observé selon les actions dans lesquelles il se trouvera plongé.

Cela transparaît clairement d'une expérience de IRMf menée par Marco Iacoboni et ses collaborateurs[12], où l'on montrait à des volontaires trois types différents de vidéos (figure 5.3). Dans la première vidéo, on voyait certains objets (une théière, une tasse, un verre, un plat, etc.) disposés comme si quelqu'un s'apprêtait à prendre une tasse de thé (et non notre habituel café !) ou venait tout juste de le faire (situation que, par souci de concision, nous appelle-

---

12. Iacoboni *et al.*, 2005.

rons *contexte*), dans la deuxième, on montrait une main qui prenait une tasse de thé avec une prise de force ou une prise de précision (*action*) ; enfin, dans le troisième, les sujets voyaient la même main avec les mêmes prises que dans la deuxième vidéo, mais insérées dans les contextes représentés par la première vidéo, et tels qu'ils suggéraient l'intention de prendre la tasse pour la porter à la bouche et boire un thé ou de la prendre pour la déplacer et la ranger (*intention*).

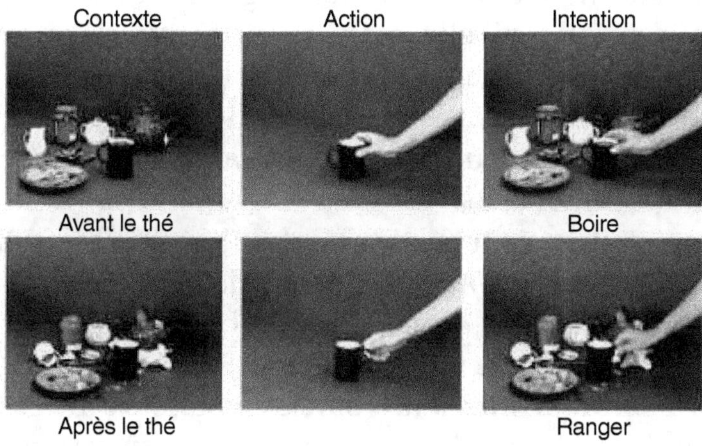

Fig. 5.3. Stimuli utilisés pour étudier les aires corticales impliquées dans la compréhension des intentions d'autrui. Chaque colonne montre les stimuli utilisés dans les trois conditions expérimentales : contexte, action, intention. Dans la première (*contexte*), les sujets voyaient deux images du plateau d'une table telle qu'elle apparaît avant le petit déjeuner, « avant le thé » (en haut), et après le petit déjeuner « après le thé » (en bas). Dans la deuxième (action), les sujets voyaient la main d'une personne prendre une tasse avec une prise de force (en haut) et avec une prise de précision (en bas). L'action était exécutée en l'absence de tout contexte. Dans la troisième condition (intention), les deux types de prise étaient montrés dans le cadre du contexte « avant le thé » et « après le thé », de façon à suggérer l'intention, respectivement, de « prendre la tasse pour boire » (en haut) ou de « prendre la tasse pour la ranger » (en bas) (Iacobini *et al.*, 2005).

En comparant les activations cérébrales induites par l'observation des trois scènes par rapport à la condition de base (enregistrée durant les intervalles de pause, figure 5.4), il est apparu que, dans le cas des conditions *actions* et *intentions*, il y avait une augmentation d'activité dans les aires visuelles et dans les aires qui forment les circuits pariéto-frontaux liés à la codification d'actes moteurs, tandis que, dans le cas des conditions *contexte*, cette augmentation ne concernait pas les régions du sillon temporal supérieur (STS) que nous savons répondre aux stimuli visuels en mouvement, ni les régions du lobe pariétal inférieur, même si elle était significative dans les aires prémotrices. Cela s'explique probablement du fait que la présence d'objets « saisissables » activait les neurones canoniques, lesquels, comme nous l'avons vu, répondent aux *affordances* des objets.

Particulièrement éclairante s'est avérée la comparaison entre les situations *intention* et les deux autres. Comme le montre la figure 5.5, dans la situation *intention*, il y avait une activation de la portion dorsale du secteur postérieur du gyrus frontal inférieur (partie supérieure de la figure) plus importante que dans les deux autres situations expérimentales (*action* et *contexte*). Cette activation est très intéressante, dans la mesure où elle est localisée au centre du système miroir frontal. Elle pourrait nous indiquer que le système des neurones miroirs est capable de coder non seulement l'acte observé (en l'occurrence, la préhension d'un objet avec une prise déterminée), mais aussi l'intention avec laquelle cet acte est accompli – et cela probablement parce qu'au moment où il assiste à un acte moteur exécuté par un tiers, l'observateur anticipe les actes successifs possibles auxquels cet acte est enchaîné (porter à la bouche pour boire ou pour déplacer).

À ce propos, il convient de remarquer que l'observation du « porter à la boucher pour boire » induisait une activation du système des neurones miroirs supérieure à celle qui était induite par l'acte « prendre la tasse pour la ranger » (figure 5.6).

Ce résultat est en accord avec les données de Fogassi et de ses collaborateurs cités dans le chapitre précédent. Leur expérience avait mis en évidence que les neurones qui codaient celle d'un objet destiné à être porté à la bouche étaient plus nombreux que ceux qui codaient la saisie d'un objet destiné à être placé dans un récipient. En outre, même lorsque l'information sensorielle relative au contexte (présence d'un récipient) pouvait suggérer que l'acte le plus probable après la saisie d'un objet était son déplacement et non l'acte de le porter à la bouche, la vue de la main de

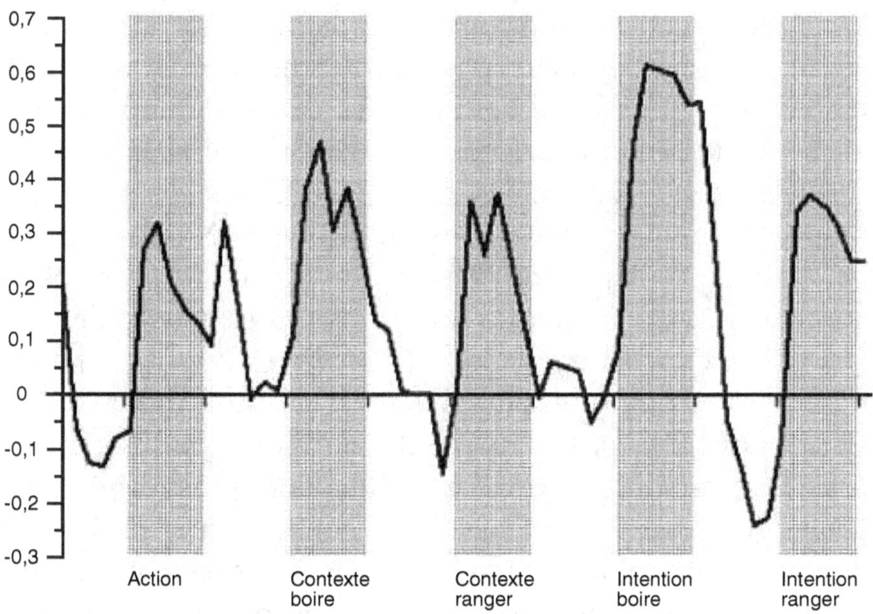

Fig. 5.6. Activation dans le temps de l'aire frontale inférieure droite. Il s'agit de l'aire qui, comme le montre la figure précédente, s'active lorsque les sujets doivent « lire » l'intention des actions d'autrui. Il est intéressant de noter que lorsque l'observateur prévoit l'intention « porter à la bouche pour boire », l'activation est plus forte que lorsqu'il prévoit « déplacer pour ranger ». Pour l'explication de ce phénomène, voir le texte (Iacoboni *et al.*, 2005).

l'expérimentateur qui saisissait un morceau de nourriture activait, fût-ce de façon transitoire, également la chaîne des neurones responsables de la « saisie-pour-porter-à-la-bouche ». Cette chaîne, en effet, était la plus naturelle, autrement dit, la plus enracinée dans le patrimoine moteur du singe. Pareillement, dans l'étude de Iacoboni et ses collègues, l'activation du cortex frontal inférieur droit était plus forte dans la saisie de la tasse pour la porter à la bouche et boire son contenu que dans sa saisie pour la déplacer et la ranger : l'intention était plus immédiate, en d'autres termes la stratégie motrice était plus conforme au répertoire de base de notre vocabulaire d'actes.

Bien entendu, de même que pour les actes particuliers, de même pour les intentions la résonance motrice générée par le système des neurones miroirs ne représente pas la seule façon possible de comprendre l'action d'autrui. Dans notre vie quotidienne, il nous arrive sans cesse d'attribuer aux autres des croyances, des désirs, des attentes, des intentions plus ou moins explicites, etc. Nos comportements sociaux dépendent en grande partie de notre capacité de comprendre ce que les autres ont en tête et de nous adapter en conséquence. Toutefois, ces processus de nature intellective n'épuisent pas la sphère de nos modalités de compréhension, pas plus qu'ils ne nous permettent de saisir des modalités de compréhension plus originaires. Nous l'avons vu dans le cas de la perception et de la catégorisation des objets, où les réponses visuo-motrices des neurones canoniques nous avaient permis d'appréhender au niveau cortical cette dimension pragmatique de l'expérience qui, pour reprendre les termes de Merleau-Ponty, « nous fournit une manière d'accéder [...] à l'objet [...] qui doit être reconnue comme originelle », voire comme « originaire[13] ». Cela peut s'appliquer également aux actions et

____

13. Merleau-Ponty, 1945, p. 161.

aux intentions d'autrui. Leur sens, écrit Merleau-Ponty, « n'est pas donné mais compris, c'est-à-dire *ressaisi par un acte du spectateur*. Toute la difficulté est de bien concevoir cet acte et de ne pas le confondre avec une opération de connaissance. La [...] compréhension des gestes s'obtient par la réciprocité de mes intentions et des gestes d'autrui, de mes gestes et des intentions lisibles dans la conduite d'autrui. Tout se passe comme si l'intention d'autrui habitait mon corps ou comme si mes intentions habitaient le sien[14] ».

L'« *acte du spectateur* » est un *acte potentiel*, induit par l'activation des neurones miroirs capables de coder l'information sensorielle en termes moteurs et de rendre ainsi possible cette « réciprocité » d'actes et d'intentions qui est à la base de notre reconnaissance immédiate de la signification des gestes d'autrui. Ici donc, la compréhension des intentions d'autrui n'a rien de « théorique », s'appuie sur la sélection automatique de ces stratégies d'action qui, sur la base de notre patrimoine moteur, apparaissent chaque fois les plus compatibles avec le scénario observé.

Dès que nous voyons quelqu'un accomplir un acte ou une chaîne d'actes, qu'il le veuille ou non, ses mouvements acquièrent pour nous une signification immédiate ; naturellement, l'inverse est aussi vrai : chacune de nos actions revêt une signification immédiate pour celui qui l'observe. Le système des neurones miroirs et la sélectivité de leurs réponses déterminent ainsi un espace d'*actions partagées*, à l'intérieur duquel chaque acte et chaque chaîne d'actes, les nôtres et ceux d'autrui, apparaissent immédiatement inscrits et compris, sans que cela requière aucune « opération de connaissance[15] » explicite ou délibérée.

---

14. Merleau-Ponty, 1945, p. 215 (c'est nous qui soulignons).

15. Certes, au cours de l'action, les intentions peuvent changer : une fois qu'un individu a pris une tasse, il peut, plus ou moins consciemment, décider de ne pas la porter à sa bouche, et de la déplacer. Il se peut aussi que nos premières

Différences de vocabulaire

Mais que se passe-t-il lorsque les mouvements observés ne rentrent pas immédiatement dans notre vocabulaire d'actes ? Les expériences examinées dans le chapitre précédent nous ont montré que les neurones miroirs du singe déchargeaient indépendamment du fait que celui qui prenait un morceau de nourriture était l'expérimentateur ou un autre singe. Cela n'est pas surprenant, dans la mesure où cet acte (tout comme tenir, arracher, pousser, lancer, etc.) appartient au vocabulaire moteur du singe ; c'est pour cela que l'animal pouvait également en saisir la signification quand il était exécuté dans des contextes expérimentaux qui ne permettaient pas une pleine vision des mouvements. Toutefois, il nous arrive souvent d'assister à des actions qui ne relèvent pas de notre connaissance motrice, parce qu'elles n'appartiennent pas au patrimoine de notre espèce, ou plus simplement, parce que nous ne sommes pas réellement capables de les exécuter.

Dans une expérience récente de IRMf[16], une quinzaine de volontaires ont été invités à visionner des vidéos sans bande sonore où des individus de diverses espèces (un homme, un singe, un chien) exécutaient des actes moteurs de type ingestif (mordre) ou communicatif (respectivement : parler, claquer les lèvres, aboyer). Les figures 5.7 et 5.8 montrent quelques arrêts sur image extraits de la projection de ces vidéos.

---

anticipations soient erronées. Toutefois, dans un cas comme dans l'autre, le système des neurones miroirs est capable de suivre les actes observés et de reconfigurer les actes moteurs potentiels ou les chaînes activées, en s'appuyant uniquement sur cette connaissance motrice qui relie et contrôle nos propres stratégies d'action.

16. Buccino *et al.*, 2004a.

Fig. 5.7. Stimuli utilisés dans une expérience où étaient comparées les activations corticales chez l'homme durant l'observation d'actions exécutées par des congénères et par des individus d'autres espèces. Les arrêts sur image extraits des vidéos utilisées dans l'expérience montrent un homme, un singe et un chien accomplir un acte ingestif comme mordre de la nourriture (Buccino *et al.*, 2004a).

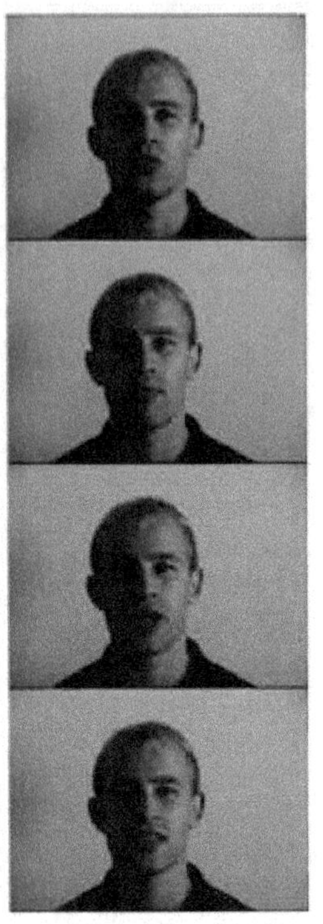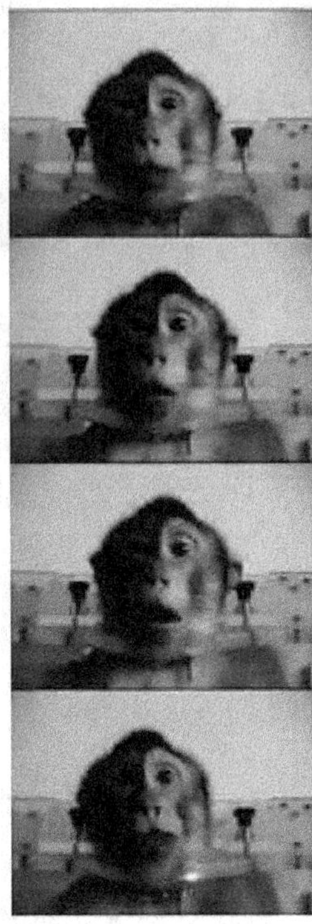

Fig. 5.8. D'autres stimuli utilisés dans l'expérience où étaient comparées les activations corticales chez l'homme au cours de l'observation d'actions accomplies par des congénères et par des individus d'autres espèces. Les arrêts sur image, extraits des vidéos utilisées dans l'expérience, montrent un homme, un singe et un chien accomplir des actions communicatives : respectivement, parler, claquer les lèvres, aboyer (Buccino *et al.*, 2004a).

Bien que, visuellement, un homme qui mord dans un morceau de nourriture diffère profondément d'un singe qui exécute le même acte, et encore plus d'un chien, dans les trois cas on a pu constater une superposition claire entre les aires corticales activées. En effet, l'observation des trois vidéos induisait l'activation de deux zones (une rostrale et une caudale) dans le lobe pariétal inférieur, ainsi que l'activation de la partie postérieure du gyrus frontal inférieur et du gyrus précentral adjacent. Dans les trois cas, on remarquait uniquement une certaine asymétrie entre l'hémisphère gauche et l'hémisphère droit : dans l'hémisphère gauche, la réponse était virtuellement indépendante de la nature de l'agent, tandis que dans l'hémisphère droit, l'activation était plus puissante quand l'action observée était exécutée par un être humain (figure 5.9).

La situation était très différente dans le cas des actes communicatifs. La vue d'un homme qui remuait les lèvres, comme s'il était en train de parler, induisait une forte activation dans la partie postérieure du gyrus frontal inférieur (autrement dit, dans la région qui correspond à l'aire de Broca) ; elle devenait plus faible durant l'observation du singe qui claquait les lèvres, et était absente à la vue de l'aboiement du chien (figure 5.10).

En termes purement visuels, la distance entre les actes communicatifs (mouvements des lèvres par l'homme et par le singe, aboiement par le chien) ne semble pas supérieure à celle constatée entre les actes ingestifs (mordre) et, quoi qu'il en soit, elle n'est pas suffisamment significative pour justifier les différences constatées dans l'activation des réseaux respectifs. L'absence de réponse des aires du système des neurones miroirs lors de l'observation de l'aboiement du chien ne peut être attribuée uniquement au type d'information visuelle reçue. Dans le chapitre précédent, nous avons vu que l'activité des neurones miroirs n'est pas liée à un *input* sensoriel spécifique, mais au vocabulaire d'actes qui règle l'organisation et l'exécution des mouvements, préfigurant ainsi autant de possibilités d'action. Or l'aboiement n'appartient pas à notre vocabulaire d'actes, ni à celui des sujets de l'expérience.

Cela signifie-t-il que nous sommes incapables de comprendre les mouvements d'un chien qui aboie et de les distinguer de ceux exécutés quand il mord dans un morceau de nourriture ? Pas du tout. Plus simplement, il s'agit de deux modalités de compréhension distinctes : la première se fonde essentiellement sur l'information visuelle, tandis que la seconde est de nature visuo-motrice. Dans le cas de l'observation de l'aboiement, la compréhension apparaît liée principalement à l'activation des aires localisées dans le sillon temporal supérieur (STS). Celle-ci et les autres aires visuelles s'activent pendant l'observation des autres actes communicatifs – mais dans ce cas, l'information émanant de STS active les actes moteurs potentiels codés par le système des neurones miroirs, en permettant ainsi une compréhension immédiate à la première personne de la signification des actions observées[17].

Des différences analogues ont été constatées également entre des individus appartenant à la même espèce. Dans une étude de IRMf, Beatriz Calvo-Merino et ses collaborateurs[18] ont montré que la vue d'actes exécutés par un tiers induit une activité cérébrale différente selon les compétences motrices spécifiques des sujets en question. L'échantillon de volontaires comprenait des danseurs classiques, des professeurs de *capoeira*, et des personnes qui n'avaient jamais appris à danser. La projection de vidéos où étaient représentés certains pas de *capoeira* induisait chez les professeurs une activation du système des neurones miroirs supérieure à l'activation enregistrée chez d'autres individus, danseurs classiques ou débutants, quels qu'ils fussent. À l'inverse, l'observation de vidéos où étaient représentés des pas de danse classiques activait davantage le système des neurones miroirs des danseurs classiques que celui des danseurs de *capoeira* et, naturellement, que celui des débutants.

Dans une expérience ultérieure, les mêmes chercheurs ont tenté de comprendre si ces différentes activations étaient dues au fait que, outre savoir exécuter les pas de leur danse, les professeurs de *capoeira*, par exemple, en avaient également une expérience visuelle plus grande que

---

17. Pour une vision d'ensemble de ces études cf. Allison *et al.*, 2000.
18. Calvo-Merino *et al.*, 2005.

les danseurs classiques. Dans la *capoeira*, certains pas sont communs aux hommes et aux femmes, tandis que d'autres sont différents – et, bien entendu, chaque danseur, qu'il soit un homme ou une femme, doit connaître les pas de son éventuel partenaire. Pour contrôler l'incidence du facteur purement visuel, Calvo-Merino et ses collaborateurs ont donc présenté aux professeurs de *capoeira* des vidéos avec des pas exécutés par des hommes et des femmes. Les résultats ont montré que l'activation du système des neurones miroirs était supérieure lorsque les pas observés étaient accomplis par des individus appartenant au même sexe que l'observateur – ce qui signifie que l'activation du système moteur des neurones miroirs était modulée non par l'expérience visuelle mais par la pratique motrice.

Ces expériences ne font que confirmer le rôle décisif de la connaissance motrice pour la compréhension de la signification des actes d'autrui. Non que ces actes ne puissent être compris d'une façon différente, grâce à des processus intellectifs fondés sur une élaboration plus ou moins élaborée de l'information sensorielle en général, et visuelle en particulier. Toutefois, il existe une profonde différence entre ces deux modalités de compréhension. Seulement dans la première, en effet, l'événement moteur observé comporte une implication de l'observateur à la première personne, qui lui permet d'en avoir une expérience immédiate comme s'il l'exécutait lui-même et d'en saisir ainsi d'emblée la signification. L'extension et la portée de ce « comme si » dépendent du patrimoine moteur de l'observateur, qu'il appartienne à l'individu ou à l'espèce. Pour reprendre l'excellente boutade du petit Leo Sperber : « Papa, tu sais pourquoi je ne veux pas être un chien ? Parce que je ne saurais pas comment remuer la queue[19] ! »

---

19. Communication personnelle de son père Dan Sperber.

CHAPITRE 6

IMITATION ET LANGAGE

Les mécanismes de l'imitation

Dès leur découverte, on s'est demandé si les neurones miroirs pouvaient être à la base de l'imitation. Toutefois, avant d'aborder cette question, il convient de préciser ce que nous entendons par le mot *imitation*. Quiconque s'y est intéressé sait que ce terme a revêtu au fil du temps une multiplicité de significations différentes, parfois même opposées, selon les domaines de recherche (psychologie expérimentale, psychologie comparée, éthologie, etc.). C'est pourquoi nous commencerons par restreindre le champ de ses acceptions possibles, en identifiant, fût-ce au prix de quelques simplifications inévitables, celles qui en spécifient le mieux les mécanismes généraux. En ce sens, il nous semble opportun de distinguer deux notions : la première, en usage surtout chez les psychologues expérimentaux, se réfère à la capacité d'un individu de *reproduire* un acte qui, en quelque sorte, appartient à son patrimoine moteur, après l'avoir vu exécuter par autrui[1] ; la deuxième, propre

---

1. *Cf.*, par exemple, Bekkering, Wohlschläger, 2002 ; Wohlschläger *et al.*, 2003.

aux éthologues, présuppose que, par le biais de l'observation, un individu puisse *apprendre* un type d'action nouveau et le reproduire dans ses moindres détails[2].

Quoique sous des formes différentes, ces deux notions renvoient à une série de questions que toute théorie de l'imitation, quelle que soit la définition donnée à ce terme, se doit d'affronter. Les premières concernent ce qu'on appelle *le problème de la correspondance* : comment pouvons-nous *accomplir* une action que nous avons *vu* exécuter par autrui ? Autrement dit, comment pouvons-nous, sur la base d'une simple observation, exécuter une action analogue à celle que nous avons perçue ? Le système visuel utilise des paramètres de codage différents de ceux du système moteur. Dès lors, quels sont les processus corticaux impliqués et les transformations sensori-motrices nécessaires ? Dans le cas de l'apprentissage, les choses se compliquent : au problème de la correspondance s'ajoute celui de la *transmission* des compétences, des habiletés motrices qui, dans leur complexité, ne sont pas présentes dans notre vocabulaire d'actes. Comment pouvons-nous acquérir des capacités d'action nouvelles ? Comment pouvons-nous traduire la perception d'un ensemble de mouvements qui, en soi, sont souvent privés de signification, en possibilité d'action dotée pour nous de signification ?

Commençons par la première forme d'imitation. Il y a eu jusqu'ici deux modèles théoriques principaux. Le premier se fonde sur une séparation nette entre les codes sensoriels et moteurs : l'imitation serait possible en vertu de processus associatifs qui relieraient des éléments n'ayant *a priori* rien en commun[3]. Le second, en revanche, postule que l'action observée et l'action exécutée doivent partager

---

2. *Cf.*, par exemple, Byrne, 1995 ; Tomasello, Call, 1997 ; Visalberghi, Fragaszy, 2002.

3. *Cf.*, par exemple, Welford, 1968 ; Massaro, 1990.

le même code neural, cette donnée constituant la condition de l'imitation.

Ces dernières années, ce second modèle semble prévaloir, en particulier grâce aux travaux de Wolfang Prinz et de ses collaborateurs. Ils se réfèrent à la notion d'« action idéomotrice » qui, définie par Hermann Lotze et reprise par William James[4], fut étendue à l'imitation sous forme de principe de « compatibilité idéomotrice » par le psycho-

---

4. Lotze, 1852 ; James, 1890. Dans le chapitre XXVI de son *Précis de psychologie* où, d'ailleurs, la *Medizinische Psychologie* de Lotze est citée à plusieurs reprises, James souligne que la plupart de nos gestes quotidiens ne nécessitent pas une décision particulière, un *fiat* licite : « Le mouvement suit immédiatement sa représentation, sans qu'il y ait l'ombre de résistance ou d'hésitation », à condition toutefois que cette représentation ne soit « *contredite par aucune autre dans l'esprit*, soit qu'elle l'occupe seule, soit que les représentations qui s'y trouvent n'entrent pas en conflit avec elle ». « Nous savons tous ce que c'est que de sortir du lit par une froide matinée dans une chambre sans feu, et comment le principe vital lui-même proteste au-dedans de nous contre une si cruelle épreuve. Il y a bien des chances qu'un jour ou l'autre nous soyons, pour la plupart, restés une heure entière au lit, sans pouvoir nous forcer à une résolution. En vain pensons-nous que nous serons en retard, et que nos devoirs du jour vont en souffrir ; en vain nous disons-nous : il faut pourtant que je me lève ! c'est une ignominie !, que sais-je encore ? La chaleur du lit est si délicieuse, et le froid si dur au-dehors ! Et cela suffit à faire évanouir toutes nos belles résolutions ; nous remettons d'instant en instant notre décision, précisément quand elle paraît sur le point de vaincre toute résistance et de nous jeter dans le vif de l'action. Il n'y a pas de raison pour que ces temporisations prennent fin. Comment se fait-il alors qu'on se lève enfin ? Si j'en crois mon expérience, que je généralise, le plus souvent on se lève sans l'ombre d'une lutte intérieure ou d'une décision expresse : on s'aperçoit tout soudain qu'on s'est levé. Il survient, par bonheur, une sorte de relâchement de la conscience ; on oublie et la chaleur du lit et le froid de la chambre ; on tombe en quelque rêverie dont les occupations du jour font tout l'objet ; au cours de cette rêverie, une idée vous traverse comme un éclair : allons ! il ne faut pas rester plus longtemps couché !, idée qui dans cet instant propice n'éveille pas de suggestions contradictoires ou paralysantes, et qui peut ainsi produire les effets moteurs qui lui sont propres. C'était la lutte d'une vive conscience du froid et d'une vive conscience de chaleur qui tout à l'heure paralysait notre activité, et réduisait l'idée de se lever à la simple condition d'un *désir*, au lieu de la laisser s'actualiser en une *volition* efficace. Dès l'instant que disparurent les idées inhibitrices, l'idée originelle a réalisé tout son automatisme. » (James 1890, tr. fr., 1909, p. 565-567.)

logue américain Anthony G. Greenwald[5]. Selon ce principe, plus un acte perçu ressemble à un acte présent dans le patrimoine *moteur* de l'observateur, plus il tend à en induire l'exécution : la perception et l'exécution des actions doivent ainsi posséder un « schéma représentationnel commun[6] », lequel apparaît modulé par la compréhension de la part de l'observateur du type d'acte, ou plutôt du but ou de l'étape finale des mouvements accomplis par le démonstrateur[7].

La découverte des neurones miroirs suggère une redéfinition possible du *principe de compatibilité idéomotrice* : le *schéma représentationnel commun* devrait être considéré non comme un schéma abstrait, amodal, mais comme un mécanisme de transformation direct des informations visuelles en actes moteurs potentiels. C'est ce que semble confirmer une série d'expériences d'imagerie cérébrale. Il convient de souligner, à ce propos, celles de Marco Iacoboni et ses collaborateurs, dont les résultats se sont révélés particulièrement importants[8].

Sur l'écran d'un ordinateur étaient présentés un point de fixation et des images représentant (A) la main d'une personne qui levait l'index et le majeur, (B) la même main, immobile, sur l'index et le majeur de laquelle apparaissait une petite croix sur un fond gris (C). Les participants devaient soit se limiter à observer les stimuli soit, après les avoir observés, lever le doigt qu'ils avaient vu bouger (« imitation ») ou qui leur avait été indiqué par la petite croix. Dans la condition (C), les sujets recevaient l'instruction de bouger l'index quand la petite croix était à gauche du point de fixation, et le majeur quand elle était à droite. Les résultats ont montré que, dans le cas de l'imitation, il y

---

5. Greenwald, 1970.
6. Prinz, 2002, p. 153. *Cf.* également Prinz, 1987 ; Prinz, 1990.
7. Bekkering *et al.*, 2000 ; Bekkering, 2002.
8. Iacoboni *et al.*, 1999 ; Iacoboni *et al.*, 2001.

avait une activation de la partie postérieure du gyrus frontal inférieur gauche (pôle frontal du système miroir), ainsi que de la région du sillon temporal supérieur droite (STS), et que cette activation était plus forte que celle constatée lors de l'exécution de tâches motrices de type non imitatif. Cette différence indique une implication claire du système des neurones miroirs lors de l'imitation de certains actes déjà présents dans le patrimoine moteur de l'observateur, en suggérant une traduction motrice immédiate de l'action observée.

Des résultats analogues ont été obtenus par Nobuyuki Nishitani et Riitta Hari dans une expérience de MEG[9], où il était demandé à des sujets (A) de prendre un objet, (B) d'observer la même action accomplie par l'expérimentateur, et (C) d'observer et de reproduire l'action qu'ils avaient vue. Bien que sa résolution spatiale soit plus faible que celle de l'IRMf, grâce à son excellente résolution temporelle, la MEG permet toutefois de saisir la dynamique des processus étudiés. Il est apparu ainsi que, dans la condition motrice (A), avant même que la main ne touche l'objet, le cortex frontal inférieur gauche (aire 44) s'activait, suivi après 100-200 ms de l'aire motrice précentrale gauche. Dans la situation imitative (C), la séquence des activations était similaire. La réponse de l'aire 44 (mode frontal du système miroir) était précédée par celle du cortex occipital, due à la stimulation visuelle durant la tâche imitative.

Il ne faut pas oublier que les données obtenues en imagerie cérébrale sont des données de corrélation. Elles nous indiquent qu'une partie de notre cerveau s'active lors de l'exécution d'une certaine tâche, mais elles ne nous fournissent pas d'informations sur l'importance de l'aire activée pour la fonction étudiée. Toutefois, la stimulation magnétique transcrânienne *répétitive* permet de pallier cette lacune,

---

9. Nishitani, Hari, 2000 ; *cf.* également Nishitani, Hari, 2002.

puisqu'en excitant de façon prolongée une certaine aire du cerveau on peut déterminer son hypofonctionnalité transitoire. Cette technique de stimulation répétitive a été utilisée récemment pour savoir si le système des neurones miroirs remplit une fonction cruciale dans l'imitation[10].

La partie postérieure du gyrus frontal inférieur gauche (aire de Broca) d'un groupe de volontaires a été stimulée pendant qu'ils frappaient sur les touches d'un clavier, soit en imitant un mouvement analogue exécuté par un autre individu, soit en réponse à un petit point rouge qui, en sautillant sur le clavier, leur indiquait la touche qu'ils devaient frapper. Les résultats de cette expérience ont montré que la stimulation magnétique transcrâniennne répétitive réduisait la performance des sujets durant l'imitation, mais pas durant la tâche visuo-motrice. Il convient de remarquer que, du point de vue moteur, les deux conditions étudiées étaient identiques.

Il apparaît clairement, donc, que le système des neurones miroirs joue un rôle fondamental dans l'imitation, en codant l'action observée en termes moteurs et en permettant ainsi sa reproduction. À ce propos, il convient de remarquer que, lors de l'expérience de Iacoboni et de ses collaborateurs, l'activation de l'aire STS au cours de l'imitation semblait légèrement supérieure par rapport à celle enregistrée durant la simple observation. Lors d'une étude ultérieure, où les sujets devaient soit se limiter à observer les mouvements exécutés par l'expérimentateur avec la main gauche ou avec la main droite, soit les *reproduire* après les avoir observés, en se servant toujours de la *main droite*, on a constaté que, non seulement l'activation de l'aire STS était différente selon que le sujet observait le mouvement exécuté ou l'imitait, qu'elle variait selon la main de l'observateur. Dans le cas de la simple observation,

---

10. Heiser *et al.*, 2003.

l'activation supérieure était provoquée par les mouvements de la main de l'expérimentateur qui correspondait *anatomiquement* à la main utilisée par les sujets (à savoir la main droite) ; en revanche, durant l'imitation, l'activation supérieure était déterminée par les mouvements de la main de l'expérimentateur qui correspondait *spatialement* à la main utilisée par les sujets pour imiter l'action observée (à savoir la main gauche). En d'autres termes, lorsque les sujets se limitaient à observer l'action, prévalait une congruence anatomique (main droite-main droite), tandis que lorsqu'ils devaient imiter l'action observée, celle-ci était codée selon la congruence spatiale (*ma* main droite, *ta* main gauche[11]). Il est probable que cette inversion dans l'activation STS, lors de l'imitation, soit due à l'influence des neurones miroirs fronto-pariétaux, lesquels favoriseraient la sélection de ces prototypes moteurs spatialement congruents avec ceux observés. Le lecteur peut facilement en avoir la preuve en disant à un ami (ou à une amie) qu'il a une tache sur le visage, et en touchant sa joue droite avec sa main droite pour lui en indiquer la position : il verra aussitôt son ami (ou son amie) se frotter la joue gauche avec la main gauche !

Imitation et apprentissage

Ce que nous venons de dire à propos de l'imitation n'est toutefois valable que pour la première acception de ce terme. Que se passe-t-il quand l'imitation ne se réduit pas à la simple répétition d'un acte appartenant au patrimoine moteur de l'observateur, mais nécessite l'apprentissage d'*un nouveau type d'action* ? Pouvons-nous, dans ce cas aussi,

---

11. Iacoboni *et al.*, 2001 ; pour des expériences analogues *cf.* Koski *et al.*, 2002 ; Koski *et al.*, 2003.

supposer une intervention du système des neurones miroirs ?

Ces dernières années, divers modèles ont été présentés pour expliquer les mécanismes qui sous-tendent ce type d'imitation. Celui proposé par l'éthologue de St. Andrews, Richard Byrne, mérite une attention particulière. Selon ce modèle, en effet, l'apprentissage *par imitation* serait dû à l'intégration de deux processus distincts : le premier permettrait à l'observateur de segmenter l'action qu'il doit imiter en éléments particuliers qui la composent, c'est-à-dire de convertir le flux continu des mouvements observés en chaîne d'actes appartenant à son patrimoine moteur ; le deuxième lui permettrait d'accomplir les actes moteurs ainsi codés dans la séquence la plus appropriée afin que l'action exécutée reflète celle du démonstrateur[12]. Un simple processus devrait être à la base de l'apprentissage de configurations motrices non séquentielles, comme par exemple des accords exécutés au piano ou à la guitare.

Ce dernier type d'apprentissage par imitation a été étudié par l'équipe de Parme en collaboration avec les chercheurs de Jülich. Un groupe de sujets, qui n'avaient jamais joué à la guitare, a été invité à regarder une vidéo où l'on voyait la main d'un professeur exécuter certains accords ; après une courte pause, les sujets devaient répéter les accords observés[13]. Le paradigme expérimental prévoyait également trois conditions de contrôle : après avoir observé le professeur, les participants devaient toucher le manche de la guitare, avec l'instruction précise de n'exécuter aucun accord ; dans la deuxième, ils devaient d'abord regarder le manche de la guitare qui oscillait et puis, après une pause, l'accord exécuté par le professeur ; enfin, dans la troisième, ils pouvaient exécuter un accord de leur choix (voir figure 6.1).

---

12. Byrne, Russon, 1998 ; Byrne, 2002, 2003.
13. Buccino *et al.*, 2004b.

L'observation des accords à des fins d'imitation déterminait l'activation du circuit des neurones miroirs. Quoique plus faiblement, le même circuit s'activait, dans les conditions de contrôle, lorsque les participants devaient regarder l'accord exécuté par le professeur ou bien, après l'avoir observé, lorsqu'ils devaient déplacer les mains sur la guitare, sans cependant devoir exécuter un accord (figure 6.2). La donnée la plus intéressante a été que, durant la pause qui précédait l'imitation, on constatait également une activation intense et étendue d'une région du cortex frontal correspondant à l'aire 46 de Brodmann et de certaines aires du cortex mésial antérieur (figure 6.3). Bien entendu, pendant l'exécution du mouvement, les aires motrices s'activaient indépendamment de la nature imitative ou non de la tâche.

Il apparaît évident qu'une transformation de l'information visuelle en réponse motrice appropriée se produit dans le système des neurones miroirs. Plus précisément, les neurones miroirs localisés dans le lobe pariétal inférieur et dans le lobe frontal traduisent en termes moteurs les actes élémentaires qui caractérisent l'action observée (en l'occurrence, la position des doigts qui jouent l'accord exécuté par le professeur).

Selon le modèle de R. W. Byrne, il s'agit là d'une condition nécessaire mais non suffisante à l'apprentissage par imitation. Toutefois, les réponses enregistrées au cours des pauses qui précédaient l'imitation et l'exécution d'accords joués librement semblent indiquer que l'activation du système des neurones miroirs se produit pour ainsi dire sous le contrôle de certaines aires du cortex frontal, en particulier l'aire 46 de Brodmann, et du cortex mésial antérieur. Par le passé, de nombreux auteurs[14] ont attribué à l'aire 46 des fonctions principalement liées à la mémoire de travail.

---

14. *Cf.*, par exemple, Fuster, Alexander, 1971 ; Funahashi *et al.*, 1990.

Mais les données de cette expérience et d'autres suggèrent que cette aire remplirait aussi d'autres fonctions. Il semblerait, en effet, qu'en plus de la constitution d'une mémoire de travail, l'aire 46 serait responsable d'une recombinaison des actes moteurs particuliers et de la définition d'une nouvelle configuration d'action, correspondant le plus possible à celle exemplifiée par le démonstrateur[15].

L'analyse de ces deux formes d'imitation révèle donc qu'elles dépendent de l'activation des aires corticales dotées de propriétés miroirs. Ces propriétés indiquent la présence d'un mécanisme de couplage direct entre les informations visuelles provenant de l'observation des actions d'autrui et les représentations motrices qui leur correspondent. Nous savons que, chez l'homme, contrairement au singe, le système des neurones miroirs est non seulement capable de coder les actes moteurs transitifs et intransitifs, mais de tenir compte des aspects temporels des actions observées. On peut donc supposer que, disposant d'un patrimoine moteur plus articulé que celui du singe, l'homme serait plus apte à l'imitation et en particulier à l'apprentissage par imitation.

Toutefois, la capacité d'imitation n'est déterminée ni par la richesse du patrimoine moteur ni par la simple présence du système des neurones miroirs. Ce système est une condition *nécessaire*, mais non *suffisante* pour procéder à une imitation. Cela vaut non seulement pour la capacité d'*apprentissage par* imitation qui, comme nous venons de le voir, nécessite l'intervention d'aires corticales extérieures au système des neurones miroirs, mais aussi pour la capacité de *répéter* des actes exécutés par un tiers et qui appartiennent à notre patrimoine moteur. Il ne peut y avoir d'imitation sans un système de contrôle des neurones miroirs. Ce contrôle doit être double : facilitateur et inhibi-

---

15. En ce qui concerne cette interprétation, voir également Passingham *et al.*, 2000 ; Rowe *et al.*, 2000.

teur. Il doit faciliter le passage d'une action potentielle, codée par les neurones miroirs, à l'exécution d'un acte moteur véritable, dès lors que cela est utile à l'observateur ; mais il doit aussi être capable de bloquer ce passage. Autrement, la perception de n'importe quel acte moteur se traduirait immédiatement par sa reproduction. Ce qui, heureusement pour nous, n'est pas le cas.

L'existence de mécanismes de contrôle du système des neurones miroirs est attestée par de nombreuses données, notamment cliniques. Ainsi, certains patients présentant de vastes lésions du lobe frontal ne peuvent s'empêcher de reproduire les mouvements exécutés par une autre personne, en particulier par le médecin qui les examine. Dans certains cas plus graves, on constate une *échopraxie*, c'est-à-dire une tendance compulsive à imiter les gestes d'autrui, même rares et bizarres, l'imitation qui plus est se produisant immédiatement, comme s'il s'agissait d'un réflexe. Les lésions du lobe frontal semblent donc éliminer ce mécanisme de frein qui bloque la transformation des actions potentielles codées par les circuits pariéto-frontaux en actes imitatifs. Ce blocage se produirait par inhibition des aires mésiales antérieures, comme par exemple la pré-AMS, lesquelles en revanche apparaissent avoir un rôle facilitateur sur le circuit pariéto-frontal.

Il est probable que ces mêmes aires mésiales qui sont désinhibées lorsque le lobe frontal est lésé soient responsables de l'apparition des actes imitatifs lorsque l'individu considère opportun ou utile d'imiter les actions d'autrui. Bien qu'il n'y ait aucune preuve directe dans le cas de la décision d'imiter, des études électrophysiologiques ont montré que les aires corticales mésiales s'activent 800 ms avant le déclenchement d'une action, ce qui semble suggérer que leur activation reflète la décision de l'individu d'agir.

Enfin, la relation entre mécanismes miroirs et systèmes de contrôle permettrait d'éclairer certains aspects liés à l'imitation précoce chez les nouveau-nés ou aux comportements pseudo-imitatifs chez les adultes. On a observé (même si d'aucuns contestent la validité de cette donnée) que, quelques heures après leur naissance, les enfants parviennent à reproduire certains mouvements de la bouche de leurs parents, comme la protrusion de la langue, et cela bien qu'ils n'aient pas encore vu leur propre visage[16]. De fait, pour reprendre la boutade d'Andrew Meltzoff : « Il n'y a pas de miroirs dans les berceaux[17]. » Pourtant, les nouveau-nés semblent capables de ce type d'imitation. Une interprétation possible est qu'ils possèdent déjà un système de neurones miroirs, quoique vraisemblablement très grossier, et que leur système de contrôle serait faible, comme semble le suggérer la myélinisation insuffisante du lobe frontal, et par conséquent sa modeste fonctionnalité.

Quant aux adultes, Charles Darwin avait déjà attiré l'attention sur certains types de comportement à résonance motrice :

> Lorsque, dans un lieu public, un chanteur est pris soudain d'un léger enrouement, on peut entendre plusieurs auditeurs se gratter le gosier, ainsi que me l'a assuré une personne digne de foi [...]. On m'a raconté que dans les parties de sauts, lorsque le joueur prend son élan, plusieurs des spectateurs, qui sont généralement des hommes ou de jeunes garçons, remuent les pieds[18].

Il suffit d'assister à un match de football ou de boxe pour se rendre compte que les observations de Sir Charles étaient pour le moins pertinentes ! Quoi qu'il en soit, il est légitime de penser que cette « libération » motrice serait due à une atténuation des mécanismes de contrôle liée à

---

16. Meltzoff, Moore, 1977.
17. Meltzoff, 2002, p. 22.
18. Darwin, 1872, p. 36.

des phénomènes de participation émotionnelle, donnant lieu à l'apparition de mouvements, voire d'actions, qui, normalement, seraient restés à l'état potentiel dans le système des neurones miroirs.

La conversation des gestes

L'identification d'un mécanisme capable de réaliser une compréhension immédiate des actions d'autrui, ainsi que l'étude comparée des systèmes des neurones miroirs chez le singe et chez l'homme, semblent éclairer les bases neurophysiologiques, non seulement des divers types d'imitation, mais aussi des différentes modalités de *communication*. Ces données nous permettent de proposer un scénario possible sur les origines du langage humain[19]. En disant cela, bien entendu, nous ne prétendons pas que la présence d'un système de neurones miroirs, comme celui constaté chez le singe, puisse suffire à expliquer l'émergence d'un comportement communicatif intentionnel, ou même linguistique. Nous l'avons vu dans le cas de l'imitation : la compréhension d'une action observée est une chose, la capacité d'imiter une action observée en est une autre. Toutefois, bien que l'imitation requière l'activation d'autres aires outre celles du système des neurones miroirs, nous pouvons difficilement imiter une action ou un geste sans disposer d'un mécanisme capable de coder dans un format neural commun l'information sensorielle et motrice pertinente à un acte ou un ensemble d'actes. Mais n'est-ce pas le cas pour n'importe quelle forme de communication ? Qu'elle soit verbale ou non, la communication ne doit-elle

---

19. *Cf.* Rizzolatti, Arbib, 1998 ; Fogassi, Ferrari, 2005.

pas principalement satisfaire ce « réquisit de parité » d'après lequel « émetteur et récepteur doivent être liés par une compréhension commune de ce qui compte » ? Comment, en effet, quelque chose pourrait-il se donner comme une communication si ce qui compte pour l'émetteur ne comptait pas pour le récepteur, autrement dit si « les processus de production et de perception » n'étaient pas « connectés d'une manière ou d'une autre » et si « leur représentation » n'était pas « à un moment donné, la même[20] » ?

De fait, indépendamment des circuits neuraux dans lesquels il se trouve plongé, le système des neurones miroirs détermine l'émergence d'un espace d'action partagé : si nous voyons quelqu'un saisir avec la main un morceau de nourriture ou une tasse de café nous comprenons immédiatement ce qu'il est en train de faire. Qu'il le veuille ou non, à l'instant ou nous percevons les premiers mouvements de sa main, ceux-ci nous « communiquent » quelque chose, à savoir leur signification d'acte : voilà ce qui « compte », voilà ce que, grâce à l'activation de nos aires motrices, nous partageons avec celui qui agit. Certes, le terme « communication » doit être entendu ici au sens large, et il est indéniable qu'il existe un écart énorme entre la reconnaissance d'un acte, comme la saisie avec la main, et la compréhension d'un geste (peu importe s'il est manuel, facial ou verbal) accompli dans une intention explicitement communicative. Mais « énorme » ne signifie pas « insurmontable ».

Supposons, par exemple, que l'acte observé revête pour nous un intérêt particulier. Il se peut qu'à la vue du mouvement de la main d'autrui, la nôtre esquisse inconsciemment un mouvement analogue, et que ce dernier n'échappe pas à l'agent et en modifie immédiatement la conduite : le même mécanisme de résonance qui, dès le début, nous a

---

20. Liberman, 1993 ; *cf.* également Liberman, Whalen, 2000.

permis de saisir un acte exécuté par autrui nous permettra de comprendre les effets que notre réponse involontaire a eus sur lui, en instaurant ainsi entre notre main et celle d'autrui une relation d'interaction réciproque. Cette interaction n'est pas très différente de cette « conversation de gestes » qui, comme l'avait remarqué G. H. Mead au début du siècle dernier, caractérisent les phases préliminaires du comportement de nombreux animaux, allant de la lutte jusqu'à la parade nuptiale, des soins prodigués à leur progéniture jusqu'au jeu :

> Ces amorces d'actes suscitent des réponses, qui conduisent à réajuster ces actes à peine ébauchés, et ces réajustements conduisent à leur tour à d'autres réponses qui suscitent encore d'autres nouveaux réajustements[21].

C'est en vertu de ces *réajustements mutuels* que les actions des animaux acquièrent une valeur sociale, en leur permettant de préfigurer des formes de communication qui, à certains égards, anticipent celles plus proprement intentionnelles. Mais pour que ces dernières soient possibles, nous devons être capables de contrôler notre propre système de neurones miroirs et d'incorporer dans notre connaissance motrice les effets que nos gestes ont sur la conduite d'autrui, afin de pouvoir les reconnaître une fois qu'ils sont exécutés par d'autres. Mais ce n'est pas tout : il importe que la « conversation » ne se réduise pas à des gestes de type transitifs, et qu'elle puisse puiser dans un répertoire moteur capable de coder des actes intransitifs, mimiques ou expressément communicatifs.

Le lecteur se souvient sans doute que la plupart des gestes communicatifs les plus répandus chez les singes, comme le claquement ou la protrusion des lèvres, résultent

---

21. George Herbert Mead, 1910, p. 398.

de la ritualisation de certains actes liés à l'ingestion de nourriture ou de parasites prélevés par des partenaires lors des séances habituelles de dépouillage, utiles à l'affiliation et au renforcement des alliances au sein d'un groupe, et que certains des neurones miroirs de la bouche s'activent aussi bien durant l'exécution d'actions ingestives que durant l'observation d'actions communicatives oro-faciales. Il existe en outre une vaste littérature sur l'utilisation par les gorilles et les chimpanzés de gestes des bras et des mains à des fins plus ou moins explicitement communicatives, aussi bien dans des environnements naturels que dans des conditions de captivité[22]. Quant à l'homme, le célèbre psychologue russe Léon Vygotski suggérait qu'une grande partie des actes intransitifs des enfants dérivait d'actes intransitifs. Il faisait observer, par exemple, que lorsque des objets étaient placés à portée de leur main, ils les saisissaient, tandis que, lorsque les objets étaient éloignés, ils avançaient le bras comme pour les atteindre : la prompte intervention de leur mère amenait les enfants à recourir de nouveau à ce geste pour indiquer les objets qu'ils voulaient prendre[23]. Par ailleurs, les études examinées dans les pages précédentes montrent clairement que le système des neurones miroirs s'active chez l'homme également lors de l'observation de mimiques d'actes manuels, de gestes intransitifs ou d'actes communicatifs oro-faciaux. Dès lors, ne pourrions-nous pas supposer que le substrat neural nécessaire à l'apparition des premières formes de communication interindividuelles aurait été fourni par l'évolution progressive du système des neurones miroirs, dévolu à l'origine à la reconnaissance des actes intransitifs manuels (saisir, tenir, atteindre, etc.) et oro-faciaux (mordre, ingérer etc.) ? Ne serait-il pas légitime de penser que c'est à partir du système des neurones miroirs, situé à la

---

22. De Waal, 1982 ; Tanner, Byrne, 1996 ; Tomasello *et al.*, 1997.
23. Vygotski, 1934.

surface latérale de l'hémisphère, que se serait développé le circuit responsable chez l'homme du contrôle et de la production du langage verbal, localisé dans une position anatomique similaire ?

On nous objectera que cette hypothèse envisage un scénario évolutif extrêmement tortueux et que, pour rendre compte des premiers pas vers le langage humain, il existe des explications plus « économiques ». Par exemple, on sait que de nombreuses espèces de primates émettent des vocalisations différentes, allant des appels de contact, lesquels ont pour fonction de signaler leur position et de permettre au groupe de se déplacer de manière coordonnée, aux appels liés à la découverte de nourriture ou à la présence éventuelle de prédateurs. Grâce à une série d'expériences, aujourd'hui devenues classiques, Dorothy Cheney et Robert Seyfarth ont montré, en particulier, que les cercopithèques verts utilisent des appels différents selon les congénères qui les approchent (dominants ou subordonnés) ou les actes qu'ils sont en train d'accomplir (épier à distance un groupe rival ou se déplacer dans un champ ouvert) ; en outre, ils peuvent distinguer divers types de prédateurs, en utilisant des sons différents pour les identifier et avertir les membres du groupe : un appel spécifique pour les prédateurs aériens, comme les aigles, un autre pour les prédateurs terrestres, comme le léopard, un autre encore pour les serpents[24]. Aussi, pourquoi ne pas penser, avec Steven Pinker, que les premiers pas vers le langage humain ont été accomplis lorsqu'« un ensemble d'appels quasi référentiels de ce type » est apparu sous « le contrôle volontaire du cortex cérébral, en permettant d'abord la formulation de toute une série de signaux destinés à signaler des événements complexes », et puis l'application de « l'aptitude à

---

24. Cheney, Seyfarth, 1990.

analyser ces combinaisons d'appels [...] aux constituants de chaque appel[25] » ?

C'est impossible pour au moins deux raisons. La *première* est de caractère fonctionnel : contrairement au langage humain, les vocalisations des primates non humains apparaissent exclusivement liées à des comportements émotionnels ; en outre, quand bien même elles seraient également référentielles, comme précisément les appels des cercopithèques verts, elles apparaissent liées à une fonction spécifique (comme, par exemple, celles destinées à donner l'alerte) et ne peuvent être utilisées pour d'autres fonctions. En somme, le même signal ne peut véhiculer plus d'un message (comme par exemple, un message d'« approche » plutôt que de « fuite ») et donc, indiquer un comportement différent en termes émotionnels de celui qui l'a engendré – ce qui, en revanche, n'est pas le cas pour les systèmes communicatifs de type non émotionnel, qu'ils soient verbaux ou non[26]. C'est dans cette rigidité que réside l'efficacité des appels, mais aussi leur limite.

La *seconde* raison est de nature principalement anatomique : les circuits neuraux, à la base des appels des primates non humains, sont radicalement différents de ceux qui sous-tendent le langage humain. Les premiers, en effet, sont médiatisés principalement par le cortex cingulaire, par le diencéphale et le tronc de l'encéphale[27] ; les seconds, en revanche, ont comme base anatomique les aires localisées autour de la scissure latérale (scissure de Sylvius) et de la partie postérieure du gyrus frontal inférieur. Peut-on réellement considérer que, dans l'évolution des primates, le système des appels vocaux ait pour ainsi dire *sauté* des régions

---

25. Steven Pinker, 1994, p. 350. Il convient de préciser que Pinker lui-même admet, non sans une certaine ironie, que cette hypothèse est tout aussi improbable que celle de Lily Tomlin, selon laquelle la première phrase de l'être humain aurai été « Quel dos velu ! » (*ibid.*).

26. Hauser *et al.*, 2002.

27. Jürgens, 2002.

profondes où il était situé à la surface latérale du cortex ? En outre, un système de vocalisation situé dans les structures profondes du cerveau est présent aussi chez l'homme, mais il n'a pas grand-chose à voir avec le langage, étant lié à des expressions vocales de type émotionnel (exclamation, cri, etc.). Ne serait-il pas plus logique, donc, de rechercher chez les primates non humains des aires corticales homologues à celles dévolues au contrôle du langage humain, en examinant les propriétés fonctionnelles des régions temporo-pariétales et des régions frontales inférieures ?

Nous savons que l'aire de Broca, une des aires classiques du langage, possède des propriétés motrices qui ne sauraient être réduites exclusivement à des fonctions verbales et dont l'organisation est similaire à celle de l'aire homologue du singe (c'est-à-dire à F5), s'activant durant l'exécution de mouvements oro-faciaux, brachio-manuels et oro-laryngés. En outre, de même que F5, cette aire apparaît impliquée dans un système des neurones miroirs qui, chez l'homme comme chez le singe, a principalement pour fonction de lier la reconnaissance à la production d'une action. Cela semble suggérer que les origines du langage ne devraient pas tant être recherchées dans les formes primitives de la communication vocale que dans l'évolution d'un système de communication gestuelle contrôlé par les aires corticales latérales. Et puisque les arguments en faveur d'une homologie entre les aires F5 et l'aire de Broca sont de caractère anatomique et cytoarchitectonique, et donc indépendants de la découverte, dans chacune d'elles, de neurones miroirs, le fait que ces aires soient liées par un tel mécanisme (et que celui-ci possède chez l'homme de nouvelles propriétés utiles pour l'acquisition du langage) nous indiquerait, à moins de supposer qu'il s'agit là d'une coïncidence fortuite, que le développement progressif du système des neurones miroirs a constitué une composante clé dans l'apparition et l'évolution de la capacité humaine de communiquer, d'abord par des gestes, puis par des mots.

Bouche, main, voix

L'idée d'une origine gestuelle du langage n'est pas nouvelle : il suffit de penser au récit d'inspiration biblique d'Étienne Bonnot de Condillac, selon lequel deux enfants de sexe différent, sauvés du Déluge universel et égarés dans le désert, tout en ignorant l'« usage des signes » auraient commencé à communiquer par le biais d'un « langage d'action », composé principalement de « contorsions » et d'« agitations violentes »[28] ; ou bien, si l'on préfère un style plus sobre, aux considérations « psychologiques » de Whilhelm Wundt sur le « développement naturel » d'un « langage des gestes » qui, bien qu'« imparfait » et lié tout au plus à des « représentations mimiques », aurait constitué une première « sorte de discours » qui ne sera intégré qu'ultérieurement dans le discours de type « phonétique[29] ». Mais c'est surtout durant ces deux dernières décennies que cette idée a connu un nouvel essor grâce à une série de données qui nous ont été fournies par la paléontologie, l'éthologie, la neurophysiologie et l'anatomie comparée, trouvant de nombreux défenseurs, notamment dans le cadre des théories sensori-motrices de la production et de la perception du langage[30].

C'est le cas, par exemple, de Peter MacNeilage, selon lequel l'alternance continue des mouvements d'ouverture et de fermeture de la bouche qui constituerait le « cadre syllabique » spécifique du langage humain, et de la modulation

---

28. Condillac, 1746, Partie 2, section 1, chapitre 1.

29. Wundt, 1896, p. 319.

30. *Cf.*, par exemple, Armstrong *et al.*, 1995 ; Armstrong, 1999 ; Corballis, 1992, 2002, 2003.

duquel dépendraient ses différents « contenus » (vocaux et consonants), serait le fruit d'une évolution du « système articulaire », qui aurait pour origine le cycle mandibulaire typique de la mastication et de l'ingestion de la nourriture. Il en est pour preuve le fait qu'une grande partie des changements cérébraux nécessaires à l'apparition du langage aurait eu lieu dans la région frontale homologue, chez les primates non humains, de l'aire de Broca, dévolue essentiellement au contrôle de la mastication[31].

Bien qu'en accord avec la découverte dans le cortex prémoteur ventral du singe de neurones miroirs liés au contrôle et à la vue des mouvements de la bouche, la proposition de MacNeilage apparaît pour le moins unilatérale, dans la mesure où elle tend à sous-estimer le rôle des gestes brachio-manuels. C'est précisément l'architecture anatomo-fonctionnelle de l'aire F5 (et de l'aire de Broca), caractérisée par la présence de représentations motrices différentes (oro-faciales, oro-laryngées et brachio-manuelles), qui nous permet de supposer que la communication inter-individuelle s'est développée à partir non pas d'une seule modalité motrice, mais de l'intégration progressive de modalités différentes (gestes faciaux, brachio-manuels et, enfin, vocaux), accompagnée par l'apparition des systèmes de neurones miroirs qui leur correspondent. Pour para-phraser l'heureuse formule de Michael Corballis, les origines du langage ne concerneraient pas seulement la bouche, mais aussi la main, et c'est à partir de leur interaction mutuelle que prendrait corps la voix[32]. Par ailleurs, sans l'intervention d'un système brachio-manuel comme support du système oro-facial, nos potentialités communicatives seraient restées extrêmement limitées. C'est la main, bien plus que la bouche, qui permet d'inclure dans une relation à deux un « autre » ; grâce à elle, en effet, nous pouvons

---

31. MacNeilage, 1998.
32. Corballis, 2002, p. 153.

indiquer la position d'un troisième individu ou d'un objet et en décrire certaines caractéristiques. C'est de l'utilisation de la main, bien plus que de la bouche, qu'a probablement dépendu le développement de la capacité d'articuler des gestes susceptibles de donner vie à un premier système communicatif ouvert pouvant exprimer de nouvelles significations, en exploitant les combinaisons possibles des mouvements particuliers (ce qui ne se produit pas dans la communication oro-faciale des primates).

Comme l'a souligné récemment Michael Arbib, dans l'évolution de ce système communicatif, l'habileté des hominidés à réaliser d'abord des comportements imitatifs, puis des mimiques d'actes appartenant à leur patrimoine moteur, et enfin de véritables « protosignes » brachio-manuels nécessaires pour rendre précise et fiable la communication[33] a dû probablement jouer un rôle décisif. Tout cela ne pouvait pas ne pas induire de profondes transformations au niveau cérébral, et en particulier dans le cortex moteur. Sur la base de ce que nous avons vu précédemment, il est légitime de penser que notre ancêtre commun avec le singe (apparu il y a plus de 20 millions d'années) possédait un système de neurones miroirs qui lui permettait d'exécuter et de reconnaître des actes moteurs comme saisir avec la main, tenir un objet, etc., et que notre ancêtre commun avec le chimpanzé (apparu il y a environ 5 à 6 millions d'années) disposait d'un système de neurones miroirs qui lui permettait d'exécuter des formes grossières d'imitation. De la période qui s'est écoulée de la séparation entre les hominidés et les chimpanzés à l'apparition des premiers australopithèques, il ne nous est resté que quelques rares fossiles. Toutefois, la découverte de certains crânes d'*Homo habilis* et l'analyse des empreintes, contenues dans leurs cavités, des circonvolutions cérébrales qui

---

33. Arbib, 2002, 2005.

témoignent d'un important développement des régions frontales et temporo-pariétales[34], semblent suggérer que la transition des australopithèques à l'*Homo habilis* (qui vécut il y a environ 2 millions d'années) a coïncidé avec la transition vers un système miroir très différencié et incorporé dans des systèmes plus complexes, susceptibles, autrement dit, de fournir le substrat neural à la formation de cette « culture mimique » qui, selon Merlin Donald, trouverait sa pleine expression avec l'apparition de l'*Homo erectus* (qui vécut de 1,5 à 3 millions d'années[35]). On peut donc considérer que le passage à l'*Homo sapiens* (il y a 250 000 ans) a également été marqué par une évolution ultérieure du système des neurones miroirs, pouvant répondre au développement tant du patrimoine moteur que de la capacité à communiquer intentionnellement par des gestes manuels, de plus en plus articulés et qui souvent pouvaient être associés à des vocalisations.

Quant à ces dernières, ce fut probablement le développement du système communicatif brachio-manuel qui en modifia l'importance, et surtout le contrôle. Non qu'elles ne soient intervenues dans des formes de communication orofaciales ; bien au contraire, sinon que, dans ce cas, l'ajout des sons avait une valeur émotionnelle et servait à renforcer le message transmis (par exemple de colère ou de joie). Une exécution précise n'était pas nécessaire – cela explique que les vocalisations pouvaient rester sous le contrôle de l'ancien système localisé principalement dans les centres sous-corticaux. Les choses durent changer radicalement lorsque les sons furent utilisés avec des mimiques et des protosignes manuels dans des communications de type intentionnel : tout comme dans le cas des gestes manuels, il fallut faire preuve de précision, de capacité descriptive, de fiabilité expressive, et être en mesure de pouvoir facilement

---

34. Tobias, 1987 ; Holloway, 1983, 1985 ; Falk, 1983.
35. Donald, 1991.

reconnaître ces signes. Autrement, la communication vocale aurait difficilement pu accompagner d'abord, et remplacer ensuite, la communication gestuelle. Mais pour que cela fût possible, il était nécessaire que de nouvelles aires corticales contrôlassent l'émission des sons – et selon toute probabilité cela fut la cause de l'émergence de l'aire de Broca à partir d'une aire semblable à F5, dotée tout comme elle d'une représentation des mouvements oro-laryngés, d'une étroite connexion avec le cortex moteur primaire adjacent, ainsi que de propriétés miroirs.

Au début des années 1930, Sir Richard Paget essaya de montrer que, à l'instar des protosignes manuels, les signes vocaux étaient liés à des gestes mimiques, et que c'est seulement en vertu de cette caractéristique commune qu'ils avaient pu remplir une fonction communicative, en donnant naissance à un protolangage verbal constitué d'un vocabulaire très primitif et d'une syntaxe extrêmement élémentaire[36]. En examinant les racines de nombreux mots provenant de langues très éloignées entre elles (polynésiennes, chinoises, langues sémitiques et langues indo-européennes), Paget constata un certain parallélisme entre sons et significations lequel, selon lui, serait dû au fait que les mouvements de la bouche, des lèvres et surtout de la langue reproduisaient en miniature les mimiques exécutées par les mains et les autres parties du corps, et s'accompagnaient d'émissions de sons spécifiques. Non seulement cette connexion entre gestes et sons ne s'était pas perdue au cours de l'évolution, mais elle avait marqué le début du langage parlé. Ainsi, par exemple, Paget affirme que l'emploi de voyelles comme « A » et « I » aurait dépendu, bien plus que de la qualité des sons, de la référence respectivement à quelque chose d'ample et de large ou de petit, puisque telle est la gestualité main-bouche lorsqu'on saisit quelque chose

---

36. Piaget, 1930. En ce qui concerne la notion de protolangage, *cf.* Bickerton, 1995.

de grand ou de petit et la forme de la bouche dans l'émission de ces sons ; cela vaut également pour le « M », qui impliquerait une fermeture continue ou pour le « R » qui renverrait à une torsion de la langue, etc.

Il s'agit d'une hypothèse essentiellement spéculative, fondée parfois sur des considérations pouvant paraître souvent injustifiées – bien que moins naïves qu'on ait pu le croire pendant longtemps, comme l'a reconnu, entre autres, le linguiste américain Morris Swadesch[37]. Quoi qu'il en soit, cette hypothèse a le mérite de tenter d'offrir une explication sur la façon dont un système visuellement transparent (dans lequel, autrement dit, la signification est immédiatement compréhensible), comme celui des gestes brachio-manuels, a pu être intégré, et ensuite supplanté par un système opaque, comme celui des gestes oro-laryngés, sans que cela ait entraîné une perte de la capacité de signifier et donc de communiquer. En outre, du point de vue neurophysiologique, cette hypothèse présuppose que ces systèmes gestuels sont étroitement liés au niveau cortical, en renvoyant à un substrat neural au moins en partie commun – or, d'après certaines études récentes, il semble que ce soit effectivement le cas.

Des expériences de **TMS** ont montré, en effet, que l'excitabilité de la représentation motrice de la main droite augmente durant la lecture ou l'expression verbale[38]. Cet effet était limité à la représentation de la main droite, et n'incluait pas l'aire motrice de la jambe. Il convient de remarquer que l'augmentation de l'excitabilité du cortex moteur de la main ne pouvait être imputée à l'articulation verbale, puisque cette dernière dépend des deux hémisphères, tandis que l'augmentation d'excitabilité observée concernait seulement l'hémisphère gauche. La facilitation enregis-

---

37. Swadesh, 1972.

38. Maister *et al.*, 2003 ; voir également Tokimura *et al.*, 1996 ; Seyal *et al.*, 1999.

trée devait donc être le résultat de la coactivation de l'aire motrice de la main droite et du circuit du langage.

Maruzio Gentilucci et ses collaborateurs[39] sont parvenus à des conclusions analogues, en partant d'une approche totalement différente. Ils ont demandé à certains volontaires de prendre avec la bouche deux objets de taille différente et, dans le même temps, d'ouvrir la main droite. Il est apparu que l'ouverture maximale des doigts était supérieure lorsque la bouche s'ouvrait pour prendre un objet de grande taille. Mais encore plus intéressante, en vue de la démonstration d'une connexion étroite entre actes manuels et gestes oro-laryngés, est l'expérience, menée toujours par Gentilucci et ses collaborateurs, où les participants étaient mis en présence de deux objets tridimensionnels, un grand et un petit, sur la surface visible desquels figuraient deux symboles, ou deux séries de taches disposées sur la zone même occupée par ces symboles. Les participants devaient saisir les objets, mais, en présence des symboles, ils devaient aussi ouvrir la bouche. L'enregistrement de la cinématique de la main, du bras et de la bouche a montré que, bien que les sujets aient reçu l'instruction d'ouvrir la bouche de la même manière dans toutes les situations prévues par le paradigme expérimental, son ouverture et le pic de vitesse qui lui correspondait augmentaient quand le mouvement de la main était dirigé vers l'objet le plus grand. En outre, certains contrôles ont clairement montré que cet effet était spécifique pour les mouvements de la bouche et de la main controlatérale. L'extension simultanée de l'avant-bras controlatéral n'influençait pas l'exécution de la tâche requise.

Ultérieurement, les expérimentateurs ont appliqué la même procédure, mais en invitant les participants à prononcer une syllabe (par exemple GU, GA), au lieu de se

---

39. Gentilucci *et al.*, 2001.

borner à ouvrir la bouche. Les syllabes figuraient sur les objets aux endroits mêmes où avaient été tracés les symboles dans l'expérience précédente. Il est apparu que, tant l'ouverture des lèvres que la puissance vocale maximale enregistrée au cours de l'émission des syllabes, étaient supérieures lorsque les sujets saisissaient l'objet le plus grand.

Aussi bien les simples mouvements de la bouche que les synergies oro-laryngées nécessaires pour la syllabation apparaissent donc liées à des gestes manuels ; qui plus est, les actes nécessitant un ample mouvement de la bouche s'appuient sur une organisation neurale commune, laquelle semble représenter pour ainsi dire un des *vestiges* de ce stade de l'évolution vers le langage où les sons commencèrent à véhiculer des significations grâce à la capacité du système buccal et oro-laryngé d'articuler des gestes dotés d'une valeur descriptive analogue à ceux codés par le système manuel.

Du reste, des actes comme saisir avec la main influencent la syllabation également lorsqu'ils ne sont pas exécutés, mais seulement observés. Certains volontaires ont été invités à prononcer les syllabes BA ou GA, pendant qu'ils observaient un autre individu prendre des objets de taille différente[40]. On a constaté que la cinématique de l'ouverture des lèvres et le spectre vocal en étaient influencés : en particulier, l'ouverture et le pic des fréquences étaient supérieurs quand l'acte observé était dirigé vers des objets plus grands. Il convient de noter que l'existence d'un lien entre les systèmes gestuels et vocaux semble trouver une confirmation également dans certaines études cliniques. Par exemple, on a constaté que, si l'on indique avec la main droite un écran sur lequel sont présentés des objets, cela peut aider les aphasiques à les nommer[41] ; et que le recours

---

40. Gentilucci, 2003.
41. Hanlon *et al.*, 1990.

à des gestes manuels peut aider des patients souffrant de lésions cérébrales à récupérer l'utilisation de la parole[42].

Mais revenons un instant sur notre scénario évolutif. Il est fort probable que la pression sélective en vue de formes de communication plus complexes ait favorisé le développement d'un mécanisme neural de contrôle de la phonation hautement élaboré, laquelle aurait à son tour permis non seulement de contrôler l'émission spécifique des sons, mais de créer une ensemble de plus en plus vaste (et en principe infini) de combinaisons possibles, permettant ainsi au système vocal de s'affranchir progressivement du système gestuel. Quant à savoir comment et quand ce processus s'est réalisé, autrement dit comment et quand le système vocal a acquis une pleine autonomie, en reléguant le système gestuel à un facteur accessoire de la communication, cette question demeure encore sujette à débat. Il est probable qu'il s'agisse d'un événement assez récent, lié à l'apparition du trait vocal typique de l'homme moderne (c'est-à-dire de l'*Homo sapiens sapiens*), caractérisé par la longueur du palais mou et, surtout, par la descente de la langue et du larynx[43] – même si les reconstructions alternatives ne manquent pas[44]. Quoi qu'il en soit, il semble raisonnable de penser que ce processus s'est accompagné de profondes transformations corticales, touchant en particulier les centres moteurs dévolus à la production et à la réception du matériau verbal ; toutefois, ces transformations auraient été inutiles si, dans le même temps, ne s'était développé un mécanisme capable de satisfaire ce que nous avons vu être la condition de toute forme de communication, à savoir cette « condition de parité » sur la base de laquelle l'émetteur et le récepteur doivent nécessairement partager une *compréhension de ce qui compte*.

---

42. Hadar *et al.*, 1998.
43. Lieberman, 1975.
44. *Cf.*, par exemple, Gibson, Jessee, 1999.

Alvin Lieberman, qui a insisté plus que quiconque sur la nécessité de considérer les présupposés implicites de n'importe quelle conduite communicative, nous a montré que ce qui compte dans la communication linguistique, ce ne sont pas tellement les sons en soi, mais les gestes articulés qui les engendrent, puisque c'est d'eux qu'ils tirent leur consistance phonique – celle en vertu de laquelle, par exemple, nous percevons immédiatement une différence entre la syllabe BA et un accès de toux[45]. Si nous considérons que son interprétation est la bonne, et la plupart des arguments qu'il a présentés depuis plus de trente ans de recherches nous incitent à le penser, nous devons alors reconnaître que la transition vers un système vocal autonome nécessitait que les neurones moteurs responsables du contrôle des gestes oro-laryngés acquièrent la capacité de s'activer en présence de sons produits moyennant des gestes analogues exécutés par d'autres : autrement dit, que le système des neurones miroirs a subi une réorganisation verbale dans la représentation motrice des gestes articulatoires qui lui correspondent. Or, le fait qu'une réorganisation de ce genre se soit effectivement produite est attesté par la découverte d'un nouveau type de neurones miroirs, auquel a été donné le nom de *neurones miroirs « échos*[46] *»*.

L'existence de ces neurones a été suggérée par une expérience qu'a menée Luciano Fadiga et ses collaborateurs[47]. Ils ont enregistré les PEM à partir des muscles de la langue chez des sujets qui avaient été invités à écouter attentivement des stimuli acoustiques, verbaux et non verbaux. Ces stimuli étaient constitués de mots, de pseudo-mots réguliers et de sons bitonaux. Au milieu de chaque mot ou des pseudo-mots apparaissait un double « F » ou un double « R ». Les linguistes savent que « F » est une

---

45. Lieberman, Whalen, 2000.
46. Rizzolatti, Buccino, 2005.
47. Fadiga *et al.*, 2002.

consonne fricative labiodentale qui, comme telle, ne nécessite pour être prononcée que quelques légers mouvements de la langue, tandis que le « R » est une consonne fricative linguopalatale qui comporte une implication importante de la langue. Ces expériences ont montré que l'écoute des mots et des pseudo-mots contenant un double « R » induisait une augmentation significative de l'amplitude des PEM enregistrés à partir des muscles de la langue par rapport aux sons bitonaux, et aux mots et pseudo-mots contenant un double « F » (figure 6.4).

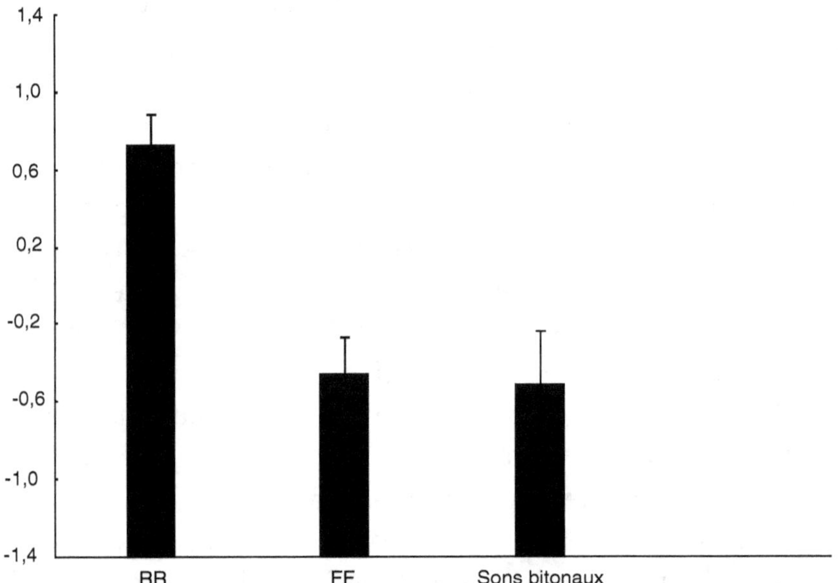

Fig. 6.4. Potentiels moteurs évoqués enregistrés par les muscles de la langue durant l'écoute de matériaux verbaux et de sons bitonaux. Les données concernent tous les sujets. RR se réfère à des stimuli verbaux contenant des consonnes fricatives linguopalatales, tandis que FF se réfère à des matériaux verbaux contenant des consonnes fricatives labiodentales. (Adapté de Fadiga *et al.*, 2002.)

Des résultats analogues ont été obtenus par Katherine E. Watkins et ses collaborateurs[48], lesquels ont enregistré les PEM à partir des lèvres (muscle *orbicularis oris*) et d'un muscle de la main (premier interosseux) dans quatre conditions distinctes : écoute de prose continue, écoute de sons non verbaux, vision des mouvements des lèvres référés à des mots et vision de mouvements de l'œil et des sourcils. Comparées aux conditions de contrôle, l'écoute et la vision d'actes verbaux comportaient une augmentation de l'amplitude des MEP enregistrés à partir du muscle des lèvres – où cette augmentation était constatée uniquement en réponse à une stimulation de l'hémisphère gauche. La stimulation de l'hémisphère droit, en effet, n'induisait une variation des MEP dans aucune des quatre conditions prévues par le paradigme expérimental ; l'amplitude des MEP induite dans le premier muscle interosseux ne présentait pas de différences significatives.

Ainsi donc, tant ces dernières données neurophysiologiques que celles citées ci-dessus semblent indiquer que le long chemin de l'évolution vers le langage a été jalonné par une série d'étapes décisives – l'intégration d'un système oro-facial à un système manuel, la formation d'un appareil de protosignes gestuels à matrice principalement mimique, l'émergence d'un protolangage bimodal (gestes et sons) et, enfin, l'apparition d'un système principalement vocal –, dont chacune apparaît à son tour liée à une phase du développement d'un mécanisme comme celui des neurones miroirs, dévolu à l'origine à la reconnaissance des actions d'autrui et privé de toute fonction communicative de type intentionnel. Il est clair qu'il ne s'agit là que d'un scénario parmi d'autres : vu l'extrême complexité des facteurs qui concourent à déterminer la capacité du langage, de nombreuses recherches et enquêtes expérimentales sont encore

---

48. Watkins *et al.*, 2003.

nécessaires. Toutefois, nous pensons que l'étude des propriétés des neurones miroirs, et des différents systèmes dans lesquels ils se trouvent impliqués, permet d'identifier certaines de ces structures neurales qui, pour reprendre les termes de Steven Pinker, auraient « fourni à l'évolution des pièces à bricoler pour produire la circuiterie du langage humain, peut-être en exploitant le fait que les signaux vocaux, auditifs et autres convergeaient à cet endroit[49] ».

49. Pinker, 1994, p. 348.

CHAPITRE 7

LE PARTAGE DES ÉMOTIONS

Le rôle des émotions

Jusqu'ici nous avons considéré les actions exécutées ou perçues dans des contextes privés de toute connotation émotionnelle, et cela essentiellement pour des raisons de méthode. Afin de déterminer, dans l'architecture enchevêtrée des phénomènes moteurs, les composantes spécifiques de l'action, nous avons dû recourir à des situations expérimentales aussi neutres que possible. Si nous n'avions pas procédé ainsi, nous aurions difficilement pu identifier les mécanismes et les circuits corticaux responsables des transformations sensori-motrices nécessaires au codage des objets, à la planification et au contrôle de nos propres mouvements, comme à la reconnaissance des actions et des intentions d'autrui. Il n'en demeure pas moins que notre vie est en grande partie accompagnée et régie par les émotions, lesquelles nous permettent d'évaluer immédiatement les variations plus ou moins imprévues du milieu ambiant, et d'y répondre d'une façon efficace et profitable.

Il est rare que les objets nous paraissent uniquement atteignables ou inatteignables, saisissables avec la main ou avec la bouche, ou bien par telle ou telle prise : la plupart du temps, ils recèlent un danger ou une opportunité, ils suscitent une répulsion, une aversion ou une attraction, de la peur ou de l'étonnement, du dégoût ou de l'intérêt, de la douleur ou du plaisir, etc. Cela vaut tout autant pour les personnes avec lesquelles nous entrons en relation : leurs comportements n'incarnent pas seulement des typologies d'action déterminées, ils suscitent souvent chez nous de la colère, de la haine, de la terreur, de l'admiration, de la compassion, de l'espoir, etc. Indépendamment du fait que ces émotions se traduisent ou non par un sentiment conscient, qu'elles ébranlent notre corps de façon explicite et perceptible de l'extérieur ou qu'elles provoquent uniquement des réactions physiologiques intérieures, elles offrent à notre cerveau un instrument essentiel pour s'orienter entre les multiples informations sensorielles et déclencher automatiquement les réponses les plus appropriées, c'est-à-dire les réponses aptes à promouvoir la survie et le bien-être de notre organisme. Certes, il arrive que les émotions nous trompent : lequel d'entre nous n'a pas eu peur un jour sans raison ? Toutefois, si nous étions incapables d'avoir peur ou, de façon générale, si notre cerveau n'était pas en mesure de discriminer émotionnellement les événements perçus des événements mémorisés ou imaginés, il serait difficile de venir à bout des situations, même les plus simples, qui se présentent à nous quotidiennement.

Dans ce chef-d'œuvre que constitue *L'Expression des émotions* (1872), Darwin nous enseigne qu'une grande partie de nos réactions émotionnelles, en particulier celles dites « primaires » (peur, colère, dégoût, douleur, joie, etc.), consistent en un ensemble de réponses qui se sont sédimentées au cours de l'évolution, en vertu de leur utilité adaptative originaire ; aussi, pour le célèbre biologiste britannique, il n'est pas surprenant que ces réponses présentent une ressemblance notable entre espèces différentes et, au sein même de l'espèce humaine, entre différentes cultures. Prenons le cas, par exemple, de la douleur :

> Lorsqu'un animal est torturé par la souffrance, il se roule en général dans d'affreuses contorsions : s'il a l'habitude de se servir de la voix, il pousse des cris perçants ou de sourds gémissements. Presque tous les muscles du corps entrent vigoureusement en action. Chez l'homme, la bouche se contracte parfois fortement ; plus souvent les lèvres se crispent, les dents se serrent ou frottent avec bruit les unes contre les autres ; il est dit qu'il y a en enfer *des grincements de dents*. Chez une vache affectée d'une inflammation intestinale très douloureuse, j'ai parfaitement entendu ce frottement des dents molaires. La femelle de l'hippopotame, observée au Jardin zoologique, souffrit beaucoup lorsqu'elle mit bas : elle marchait au hasard, ou bien elle se roulait sur le flanc, en ouvrant et fermant les mâchoires, choquant ses dents avec bruit. Chez l'homme, on voit tantôt les yeux s'ouvrir tout grands, comme dans la stupeur, tantôt les sourcils se contracter fortement ; le corps est baigné de sueur, le visage ruisselle ; la circulation et la respiration sont profondément modifiées ; aussi les narines sont-elles dilatées et souvent frémissantes ; d'autres fois, la respiration s'arrête au point d'amener dans les vaisseaux de la face une stase sanguine qui la rend pourpre. Lorsque la souffrance et très intense et prolongée, tous ces symptômes se transforment ; une prostration extrême leur succède, accompagnée de défaillance et de convulsions[1].

Ou bien, si l'on préfère, considérons le dégoût que nous inspire le fait d'avoir vu ou goûté de la nourriture insolite :

---

1. Darwin, 1872, p. 73.

En Terre de Feu, un indigène, ayant touché du doigt un fragment de viande froide conservée que j'étais en train de manger à notre bivouac, manifesta le plus profond dégoût en constatant sa mollesse ; de mon côté, je ressentais un vif dégoût en voyant un sauvage nu porter les mains sur ma nourriture, bien que ses mains ne me parussent pas malpropres. Une barbe barbouillée de soupe nous paraît dégoûtante, quoi qu'il n'y ait évidemment rien de dégoûtant dans la soupe en elle-même. Je présume que ce phénomène résulte de la puissante association qui existe dans notre esprit entre la vue de la nourriture, en toutes circonstances, et l'idée de manger cette nourriture. Puisque la sensation de dégoût dérive primitivement de l'acte de manger ou de goûter, il est naturel que son expression consiste principalement en mouvements de la bouche. Mais comme le dégoût cause aussi de la contrariété, ces mouvements s'accompagnent en général du froncement des sourcils, et souvent de gestes destinés à repousser l'objet qui le provoque ou à se préserver de son contact [...]. Sur le visage, le dégoût se manifeste, quand il est modéré, de diverses manières : on ouvre largement la bouche, comme pour laisser tomber le morceau qui a offensé le goût ; on crache, on souffle en avançant les lèvres ; on produit une sorte de raclement de la gorge comme pour l'éclaircir [...]. Un dégoût extrême s'exprime par des mouvements de la bouche semblables à ceux qui préparent l'acte du vomissement. La bouche s'ouvre toute grande, la lèvre supérieure se rétracte énergiquement, les parties latérales du nez se plissent, la lèvre inférieure s'abaisse et se renverse autant que possible [...]. Il est remarquable de voir avec quelle facilité, chez certaines personnes, la simple idée de prendre une nourriture inusitée – par exemple, de manger la chair d'un animal qui n'entre pas habituellement dans notre alimentation, – provoque instantanément des nausées ou des vomissements, alors même que cette nourriture ne contient d'ailleurs rien qui puisse forcer l'estomac à le rejeter [...]. Aussi pour expliquer que les nausées ou même le vomissement puissent suivre de si près la simple perception d'une idée, il est permis de supposer que nos ancêtres primitifs ont dû posséder, comme les ruminants et divers autres animaux, la faculté de rejeter volontairement la nourriture qui les incommodait. Aujourd'hui cette faculté a disparu, en tant que soumise à l'action de la volonté ; mais elle est mise involontairement en jeu, par l'effet d'une habitude invétérée de longue date, toutes les fois que l'esprit se révolte contre l'idée de prendre tel ou tel aliment, ou plus généralement toutes les fois qu'il se trouve en présence de quelque objet qui inspire le dégoût[2].

Aujourd'hui, nous commençons à connaître assez bien l'anatomie et les fonctions des principaux centres nerveux responsables des émotions primaires, comme la douleur ou le dégoût précisément, ainsi que le rôle que ces centres remplissent dans l'organisation de l'activité cérébrale et dans la régulation des processus vitaux. Mais l'étude des bases neurophysiologiques des émotions ne concerne pas seulement les mécanismes qui permettent au cerveau d'identifier des signaux de danger ou des odeurs et des saveurs nauséabondes, et d'enclencher la *série* de réponses adaptatives si admirablement décrites par Darwin. Une grande partie de nos interactions avec le milieu ambiant et de nos comportements émotionnels dépend de notre capacité de percevoir et de comprendre les émotions d'autrui. Nous sommes frappés de voir quelqu'un devenir brusquement pâle et commencer à trembler : son éventuelle fuite est pour nous un stimulus émotionnel puissant, très différent de celui représenté par la vue d'un simple acte locomoteur. Il en est de même lorsque nous voyons un visage grimacer de dégoût : il est peu probable que nous nous ruions sur la boisson ou la nourriture qui ont provoqué cette réaction.

---

2. Darwin, 1872, p. 276-277.

Les avantages adaptatifs offerts par ces formes de résonance émotionnelle sont évidents. Non seulement elles permettent aux organismes particuliers de répondre de façon efficace aux éventuelles menaces (ou opportunités), mais elles rendent possible l'instauration et la consolidation des premiers liens interindividuels. Nous savons, en effet, que deux ou trois jours seulement après leur naissance les nouveau-nés semblent distinguer un visage joyeux d'un visage triste[3], et que vers l'âge de deux ou trois mois, les nourrissons développent une « consonance affective » avec leur mère, au point de reproduire, d'une façon plus ou moins synchronisée, les expressions faciales ou les vocalisations qui reflètent son état émotionnel[4]. L'articulation et la différenciation progressive du réveil émotionnel induit par la perception des expressions d'autrui leur permettraient de réaliser, dans les mois suivants, certains comportements sociaux élémentaires, comme, par exemple, offrir de l'aide ou du réconfort à celui qui semble en difficulté[5]. Il s'agit tout au plus de formes d'empathies rudimentaires, bien moins élaborées que celles qui sont à la base de nos conduites sociales matures. Pourtant, les unes comme les autres présupposent la capacité de reconnaître les émotions d'autrui, de lire sur le visage, dans les gestes ou dans la posture du corps des autres des signes de douleur, de peur, de dégoût ou de joie.

Mais quel est le mécanisme qui permet à notre cerveau d'élaborer les stimuli provenant, disons, d'une expression faciale d'autrui et de les coder comme une *grimace de douleur* ou de *dégoût* ? Devons-nous admettre que l'activation des aires corticales visuelles déclenche un processus cognitif capable d'interpréter les informations sensorielles comme porteuses d'une valeur émotionnelle ? Ou bien devons-nous

---

3. Field *et al.*, 1982.
4. Stern, 1985.
5. Bretherton *et al.*, 1986 ; Zahn-Waxler *et al.*, 1992.

supposer que la vue d'un visage qui exprime une émotion active chez l'observateur les mêmes centres cérébraux que ceux qui s'activent lorsqu'il est lui-même soumis à cette réaction émotionnelle spécifique ? En d'autres termes, la reconnaissance des émotions des autres s'appuie-t-elle sur un ensemble de circuits neuraux qui, quoique différents, partagent cette propriété miroir que nous avons déjà relevée dans le cas de la compréhension de leurs actions ? Ou bien s'agit-il d'un processus cognitif qui, mis à part le type d'information qu'il élabore, serait similaire au processus de la reconnaissance des visages, ou de façon plus générale, des formes ?

Dégoût et insula

Considérons de plus près une émotion primaire : le dégoût. Nous l'avons vu, dans sa forme primitive, il est lié à l'ingestion, au fait de goûter de la nourriture ou de la flairer, et il se caractérise par des mouvements de la bouche, des lèvres, par le froncement du nez et éventuellement par des haut-le-cœur[6]. Ces dernières années, de nombreuses études expérimentales ont permis d'identifier les principales régions cérébrales impliquées dans les réactions de dégoût à des stimuli gustatifs ou olfactifs. Parmi ces régions, un rôle clé est rempli par une aire corticale connue sous le nom d'*insula* (voir figure 7.1).

Nous savons depuis longtemps que l'insula n'est pas une structure homogène. Chez le singe, par exemple, elle est généralement divisée en trois zones cytoarchitectoniques différentes : insula agranulaire, désagranulaire et

---

6. Pour une classification récente des réactions typiques du dégoût, *cf.* Rozin *et al.*, 2000.

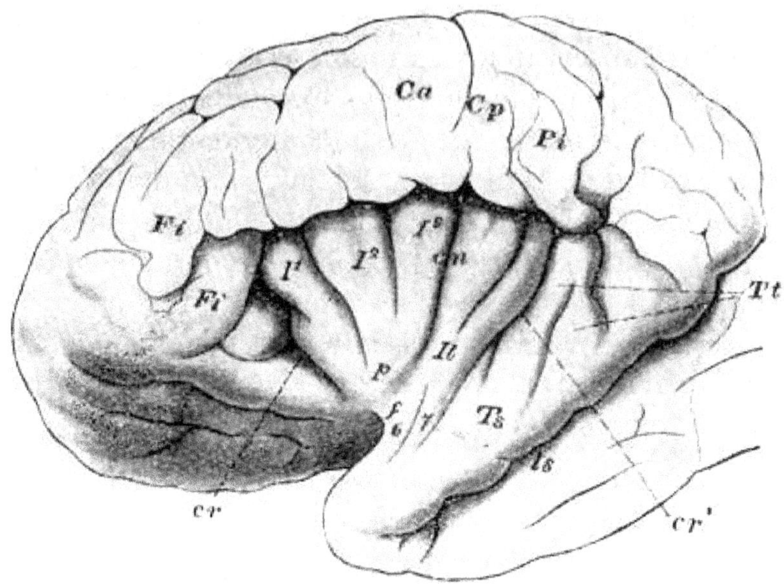

Fig. 7.1. Le lobe de l'insula. L'insula (ou plus précisément, le lobe de l'insula) se trouve dans le fond de la scissure latérale ou scissure de Sylvius. Dans la figure, elle apparaît mise à nu, avec les lèvres de la scissure latérale légèrement écartées et le lobe temporal tourné vers le bas (Chiarugi, 1954).

granulaire. Cependant, si au lieu d'examiner son organisation cytoarchitectonique, nous considérons ses connexions avec le cortex cérébral et les centres sous-corticaux, nous pouvons diviser l'insula en deux secteurs dotés de propriétés fonctionnelles différentes : une région antérieure « viscérale » (qui coïncide avec l'insula agranulaire et la partie antérieure de l'insula désagranulaire) et une région postérieure multimodale (qui comprend la partie postérieure de l'insula désagranulaire et de l'insula granulaire[7]). La région antérieure de l'insula est fortement connectée aux centres olfactifs et gustatifs[8] ; en outre, elle reçoit des informations

---

7. *Cf.* Mesulam, Mufson, 1982a, b ; Mufson, Mesulam, 1982.
8. Yaxley *et al.*, 1990 ; Scot *et al.*, 1991 ; Augustine, 1996.

de la région antérieure des parois ventrales du sillon temporal supérieur (STS), une aire où se trouvent de nombreux neurones qui répondent à la vue des visages[9]. En revanche, la région postérieure est caractérisée par des connexions avec les aires corticales auditives, somato-sensorielles et prémotrices, et n'est pas liée à des modalités gustatives ou olfactives.

On a découvert récemment que l'insula représente l'aire corticale primaire non seulement pour l'*extéroception* chimique (olfaction et goût), mais aussi pour l'*intéroception*, c'est-à-dire la réception des signaux relatifs aux états intérieurs du corps. Après être passés par la moelle épinière, ces signaux rejoignent des secteurs spécifiques du thalamus, lesquels, à leur tour, se projettent topographiquement vers divers secteurs de l'insula[10]. Tout cela devient encore plus intéressant si nous tenons compte que l'insula, et en particulier sa région antérieure, est un centre d'intégration viscéro-moteur : lorsqu'elle est stimulée électriquement, en effet, elle produit une série de mouvements corporels qui, contrairement aux mouvements induits par la stimulation des aires motrices, sont accompagnés d'une variété de réponses viscérales comme, par exemple, l'accélération du rythme cardiaque, la dilatation des pupilles, des haut-le-cœur, etc.[11].

Chez l'homme, l'insula est beaucoup plus grande que chez le singe, mais elle semble posséder une organisation architectonique très similaire[12]. Conformément aux données rapportées ci-dessus, de nombreuses études d'imagerie cérébrale ont montré une activation de sa partie antérieure en réponse à des stimuli gustatifs et olfactifs[13]. Dans ce cas,

---

9. Bruce *et al.*, 1981 ; Perett *et al.*, 1982, 1984, 1985 ; Desimone *et al.*, 1984.
10. Craig, 2002.
11. Kaada *et al.*, 1949 ; Frontera, 1956 ; Schowers, Lauer, 1961.
12. Mesulam, Mufson, 1982a.
13. Zald *et al.*, 1998a ; Zald, Pardo, 2000 ; Royet *et al.*, 2003.

en particulier, des activations plus fortes ont été constatées dans l'hémisphère gauche[14], et l'on a remarqué que la sélectivité des stimuli était indépendante de leur intensité[15]. En outre, tout comme chez le singe, la stimulation de l'insula effectuée sur des patients devant subir des interventions chirurgicales induit des réactions viscéro-motrices, provoquant des nausées et des haut-le-cœur, bref des sensations désagréables, voire insupportables, dans la gorge et dans la bouche[16].

Mais le plus important, c'est que certaines expériences ont montré que la région antérieure de l'insula est activée à la vue d'un individu faisant une mimique de dégoût[17]. Mary Phillips et ses collaborateurs ont remarqué que l'amplitude des activations du cortex insulaire était liée au degré de dégoût exprimé par le visage observé[18]. Leurs résultats ont été confirmés par Pierre Krolack-Salmon et ses collaborateurs, lesquels, sur des enregistrements d'électrodes insérées dans l'insula de patients épileptiques, ont observé que la région antérieure de cette structure répondait sélectivement à la vue d'une mimique de dégoût[19]. Par ailleurs, le fait que l'activation du cortex insulaire soit extrêmement importante, non seulement pour déclencher des sensations et des réactions de dégoût, mais pour reconnaître un état émotionnel similaire sur le visage d'autrui, a été confirmé par certaines études cliniques récentes.

Andrew J. Calder et ses collaborateurs[20] ont relaté le cas d'un patient (NK) qui, suite à une hémorragie céré-

---

14. Royet *et al.*, 2000, 2001, 2003 ; Zald, Pardo, 1997 ; Zald *et al.*, 1998b ; Zald, 2003.

15. Small *et al.*, 2003.

16. Penfild, Faulk, 1955 ; Krolak-Salmon *et al.*, 2003.

17. Phillips *et al.*, 1997 et 1998 ; Sprengelmeyer *et al.*, 1998 ; Schienle *et al.*, 2002.

18. Phillips *et al.*, 1997.

19. Krolak-Salmon *et al.*, 2003.

20. Calder *et al.*, 2000.

brale, présentait de graves lésions de l'insula gauche et des structures environnantes. Après cet accident, il n'était plus capable de reconnaître dans les expressions faciales d'autrui les signes de dégoût, bien qu'il pût encore reconnaître les autres émotions. En outre, l'incapacité de percevoir le dégoût chez autrui ne concernait pas seulement la modalité visuelle, mais aussi auditive : les émissions sonores rattachées, par exemple, à des haut-le-cœur n'avaient pour lui aucune signification émotionnelle, contrairement à celles liées au rire ou à d'autres réactions émotionnelles. Enfin, il est intéressant de noter que ce déficit multimodal était lié à un déficit analogue du dégoût à la première personne : NK, en effet, disait éprouver des sensations de dégoût très légères et atténuées, tandis que cela ne se produisait pas pour des émotions comme la peur ou la colère.

Un cas similaire a été étudié par Ralph Adolphs et ses collaborateurs[21]. Leur patient (B) présentait de vastes lésions bilatérales de l'insula. À l'instar de NK, il n'était plus capable d'identifier des expressions faciales de dégoût. Pour établir l'éventuelle multimodalité de son déficit de reconnaissance, on lui présenta une large gamme de situations qui provoquaient une réaction caractéristique de dégoût. Parmi celles-ci, il y avait le fait d'ingérer de la nourriture, de la régurgiter ou de la cracher, avec des haut-le-cœur bruyants et des grimaces de dégoût : B montrait qu'il ne reconnaissait rien, déclarant même qu'il trouvait cette nourriture « délicieuse ». Son incapacité d'avoir une quelconque expérience du dégoût était mise en évidence également par le fait qu'il s'alimentait d'une manière inconsidérée, allant jusqu'à avaler des aliments absolument immangeables, et qu'il ne réagissait pas devant des stimuli représentés par des plats qui, pour n'importe qui d'autre, étaient écœurants.

---

21. Adolphs *et al.*, 2003.

Aussi bien les données cliniques que les données obtenues par imagerie cérébrale ou par électrostimulation semblent donc indiquer que la sensation de dégoût et la perception de cette émotion chez autrui ont un substrat neural commun, et que l'implication de l'insula est dans les deux cas fondamentale. Cela peut suggérer que la compréhension *réelle* du dégoût éprouvé par autrui, autrement dit, cette compréhension en vertu de laquelle nous saisissons effectivement ce qu'éprouve l'autre à un moment précis, ne se fonde pas sur des processus cognitifs de type inférentiel ou associatif. Toutefois, pour parler d'un mécanisme miroir, nous avons besoin de nous appuyer sur des preuves moins indirectes, capables de nous garantir que c'est précisément *cette même région* de l'insula qui s'active aussi bien lorsque nous éprouvons une sensation de dégoût que lorsque nous percevons une mimique de dégoût sur le visage d'autrui.

Pour savoir s'il en est réellement ainsi, Bruno Wicker et ses collaborateurs[22] ont soumis certains volontaires en bonne santé à une expérience d'IRMf articulée en deux sessions distinctes. Dans la première, *olfactive*, les sujets étaient exposés à des odeurs répugnantes ou à des odeurs agréables : dans la seconde, *visuelle*, ils devaient regarder des vidéos leur montrant des personnes qui humaient un verre contenant un liquide malodorant, parfumé ou inodore, et qui réagissaient en conséquence par une grimace de dégoût, une mimique de plaisir ou par une expression neutre (figure 7.2).

Parmi les structures activées par l'exposition aux odeurs, deux d'entre elles sont particulièrement intéressantes : l'amygdale et l'insula. L'amygdale (une structure sous-corticale qui médiatise différentes réponses émotionnelles) s'activait aussi bien pour les odeurs répugnantes que pour

----

22. Wicker *et al.*, 2003.

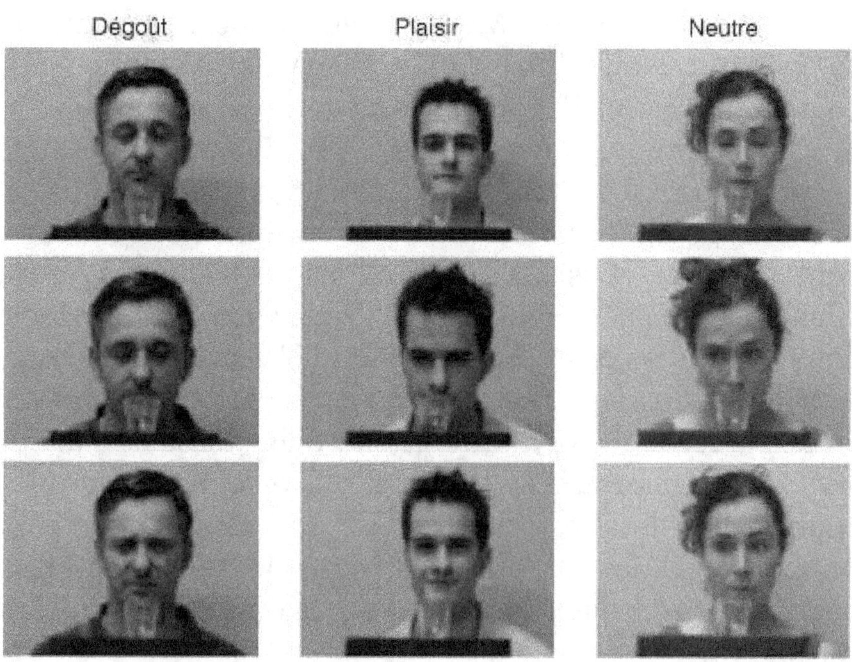

Fig. 7.2. Arrêts sur image extraits des vidéos utilisées pour étudier les aires corticales et les centres sous-corticaux activés durant la vision de visages exprimant des émotions. Les démonstrateurs humaient un verre contenant de l'eau plate ou de l'eau mélangée à des substances malodorantes ou bien parfumées. Selon le type de stimulus le visage du démonstrateur manifestait du dégoût, du plaisir ou bien ne manifestait aucune émotion évidente (visage neutre). La session expérimentale prévoyait six démonstrateurs différents ; chacun d'eux devait humer le contenu d'un verre dans ses trois situations (Wicker *et al.*, 2003).

les odeurs agréables, avec une superposition claire entre les deux types d'activation (figure 7.3A).

En revanche, les odeurs répugnantes activaient la région antérieure de l'insula droite et gauche, tandis que les agréables activaient une zone plus postérieure de la seule insula droite (figure 7.3 B).

En ce qui concerne la session visuelle de l'expérience, seule l'observation de la grimace de dégoût déterminait une activation de l'insula. Mais le plus important était que, dans la partie antérieure de l'insula gauche, cette activation coïncidait avec celle constatée lorsque les sujets humaient des odeurs répugnantes (figure 7.4). Une certaine superposition entre les aires des activations provoquées par des odeurs répugnantes et la vue de sujets éprouvant du dégoût était présente aussi dans la région antérieure du cortex cingulaire de l'hémisphère droit. L'amygdale, en revanche, ne montrait pas d'activation durant l'observation de visages exprimant du dégoût – et cela en accord avec certaines études précédentes qui avaient relevé une dissociation entre les circuits neuraux à la base de la reconnaissance de la peur, dans lesquels l'amygdale apparaissait fortement impliquée, et les circuits à la base de la perception du dégoût, dans lesquels l'amygdale ne paraissait pas jouer un rôle significatif[23].

Empathie et coloration émotionnelle

L'expérience de son propre dégoût et la perception de celui des autres semblent donc renvoyer à une base neurale commune, constituée par la région antérieure de l'insula gauche et par le cortex cingulaire de l'hémisphère droit. La superposition des activations cérébrales constatées chez les mêmes individus, suite à l'inhalation de substances malodorantes et durant l'observation d'une expression faciale de dégoût chez autrui confirme l'hypothèse selon laquelle la compréhension des états émotionnels d'autrui dépend d'un mécanisme miroir capable de coder l'expérience sensorielle directement en termes émotionnels. Le stimulus

---

23. *Cf.*, par exemple, Calder *et al.*, 2001.

visuel activait de façon automatique et sélective les mêmes aires impliquées dans la réponse émotionnelle au stimulus olfactif, et c'est ce qui explique que les sujets de l'expérience pouvaient reconnaître immédiatement dans les visages perçus non pas une expression quelconque, mais une grimace de dégoût. Par ailleurs, les cas des patients NK et B montrent clairement que l'incapacité de comprendre les réactions émotionnelles des autres est étroitement liée à l'incapacité de les éprouver à la première personne.

Tout cela semble valoir non seulement pour le dégoût, mais aussi pour d'autres émotions primaires. Que l'on pense, par exemple, à la douleur. Il y a quelques années, William D. Hutchison et ses collaborateurs[24] ont enregistré l'activité de certains neurones particuliers chez des patients qui, pour des raisons thérapeutiques, devaient subir une ablation partielle du cortex cingulaire. Il est alors apparu que, dans la région antérieure de ce cortex, certains neurones répondaient aussi bien à l'application de stimuli douloureux sur la main du patient qu'à l'observation de ces mêmes stimuli appliqués sur d'autres individus.

Plus récemment, Tania Singer et ses collaborateurs[25] ont mené une expérience de résonance magnétique fonctionnelle où, dans une première condition expérimentale, les sujets recevaient un choc électrique douloureux, délivré par des électrodes placées sur leur main, tandis que, dans la seconde condition, ils voyaient la main d'une personne qui leur était chère sur laquelle étaient placées les mêmes électrodes. On avait expliqué aux participants que les personnes observées subiraient la même procédure à laquelle ils venaient d'être soumis. Dans chacune de ces deux conditions expérimentales, on a constaté une activation des secteurs de l'insula antérieure et du cortex cingulaire – ce qui montre qu'aussi bien la perception directe de la souffrance

---

24. Hutchison *et al.*, 1999.
25. Singer *et al.*, 2004.

que son évocation sont médiatisées par un mécanisme miroir analogue à celui que nous avons constaté dans le cas du dégoût.

Il convient de noter que notre interprétation de la compréhension des émotions n'est pas très éloignée, à quelques différences près, de celle que proposent Antonio Damasio et ses collaborateurs[26]. Pour Damasio, en effet, aussi bien le fait de ressentir une émotion à la première personne que la reconnaissance des émotions d'autrui dépendraient de l'implication des aires du cortex somato-sensoriel et de l'insula. La vue d'un visage exprimant du dégoût ou de la tristesse induirait dans le cerveau de l'observateur une modification dans l'activation de ses cartes corporelles, si bien qu'il percevrait l'émotion d'autrui « comme si » c'était lui-même qui l'éprouvait.

> Le mécanisme présumé produire cette sorte de sentiment est une variété de ce que j'ai appelé le circuit corporel du « comme si ». Il implique une simulation cérébrale interne qui consiste en une modification rapide des cartes corporelles en cours. Cela se produit lorsque certaines régions cérébrales, comme les cortex préfrontaux/prémoteurs, émettent directement des signaux aux régions du cerveau sensibles au corps. L'existence et l'emplacement de types comparables de neurones ont été établis récemment. Ces neurones peuvent représenter, dans un cerveau individuel, les mouvements que le cerveau voit chez un autre individu et produire des signaux dans les structures sensori-motrices de telle sorte que les mouvements correspondants soient « prévus », en mode de simulation, ou effectivement exécutés[27].

En d'autres termes, l'observation d'un visage exprimant une émotion induirait une activation des neurones

---

26. *Cf.*, par exemple, Damasio, 2003 ; Adolphs, 2001, 2002, 2003.
27. Damasio, 2003, p. 120.

miroirs du cortex prémoteur. Ceux-ci enverraient aux aires somato-sensorielles et à l'insula en copie une description de leur réseau d'activation (*copie efférente*) semblable à celui qu'elles décrivaient si l'observateur vivait lui-même cette émotion. L'activation des aires sensorielles qui en résulte, analogue à celle qui se produit lorsque l'observateur exprime spontanément cette émotion (« comme si »), serait à la base de la compréhension des réactions émotionnelles d'autrui.

Or, il est indubitable que notre système moteur entre en résonance lorsqu'il est confronté aux mouvements faciaux d'autrui. Mais, comme nous l'avons vu, cela vaut aussi lorsque ces mouvements faciaux n'ont aucune valeur émotionnelle. À notre avis, postuler une implication des aires du cortex sensoriel dans la reconnaissance des émotions d'autrui est pléonastique, comme Damasio, au fond, le reconnaît lui-même, lorsqu'il précise que la région la plus importante du circuit du « comme si » se trouve dans l'insula[28]. Les informations provenant des aires visuelles qui décrivent des visages ou des corps exprimant une émotion arrivent directement à l'insula, où elles activent un mécanisme miroir autonome et spécifique, capable de les coder immédiatement dans les formats émotionnels correspondants. L'insula est le centre de ce mécanisme miroir, car non seulement elle est la région corticale où sont représentés les états intérieurs du corps, mais elle constitue un centre d'intégration viscéro-moteur dont l'activation induit la transformation des *inputs* sensoriels en réactions viscérales.

L'expérience de Wicker, celle de Singer et les études d'électrostimulation de l'insula montrent que ce sont ces réactions qui qualifient aussi bien les réponses émotionnelles des sujets examinés que leur perception des réponses d'autrui. Cela, toutefois, ne signifie pas que, sans l'insula,

---

28. Damasio, 2003, p. 110.

notre cerveau serait incapable de discriminer les émotions d'autrui[29]. Mais, pour reprendre les termes d'un auteur, dont la pertinence ne cesse de nous étonner, William James, dans ce cas, ces dernières seraient réduites à « une perception purement cognitive, à une perception froide et pâle, privée de toute couleur émotionnelle[30] ». Cette *couleur émotionnelle* dépend, en effet, du partage avec autrui des réponses viscéro-motrices qui concourent à définir les émotions.

Nous savons tous que la vue de quelqu'un en proie à des haut-le-cœur induit souvent chez celui qui l'observe des réactions analogues. Sans aller jusque-là, il est difficile qu'il n'ait pas la nausée, ou tout du moins des crampes d'estomac comparables à celles qu'il éprouverait en goûtant une boisson ou un aliment écœurant. Le fait que les réactions viscéro-motrices dues à l'activation de l'insula n'aient pas nécessairement un effet au niveau des centres périphériques ne veut pas dire qu'elles soient insignifiantes. Au contraire, cela montre que leur fonction principale est de représenter ces réactions, et que cette capacité est indispensable pour comprendre à la première personne les émotions d'autrui.

Nous n'avons pas besoin de reproduire intégralement le comportement des autres pour en saisir la valeur émotionnelle. Du reste, la compréhension de la signification des actions observées ne nécessitait pas non plus leur reproduction. Bien que notre perception des actions et des réactions émotionnelles d'autrui suppose l'implication d'aires et de circuits corticaux différents, ces deux types de perception ont en commun un mécanisme miroir qui permet à notre cerveau de reconnaître immédiatement ce que nous voyons, entendons ou imaginons faire par les autres, puisqu'il déclenche les mêmes structures neurales (respec-

---

29. Damasio, 2003, p. 121.
30. James, 1890, p. 503.

tivement motrices ou viscéro-motrices) responsables de nos actions ou de nos émotions. Dans le cas des actions, nous avons montré que ce mécanisme de résonance n'était pas pour le cerveau la seule manière de saisir les actions et les intentions d'autrui. Cela s'applique aussi aux émotions : celles-ci peuvent être comprises également sur la base d'une élaboration réflexive des aspects sensoriels liés à leurs manifestations sur le visage ou dans les gestes d'autrui. Mais, considérée en elle-même, autrement dit sans aucune résonance viscéro-motrice, cette élaboration se réduit, comme le dit William James, à une perception « froide » et « neutre », privée de toute coloration émotionnelle.

En outre, la compréhension immédiate, à la première personne, des émotions d'autrui, que le mécanisme des neurones miroirs rend possible, représente la condition nécessaire de ce comportement empathique qui sous-tend une large part de nos relations interindividuelles. Partager, au niveau viscéro-moteur, l'état émotionnel de quelqu'un ne signifie pas cependant être en empathie avec lui. Par exemple, si nous percevons une grimace de douleur, ce n'est pas pour autant que nous sommes amenés automatiquement à éprouver de la compassion. Certes, cela arrive souvent, mais ces deux processus sont distincts, au sens où le second implique le premier, mais non l'inverse. Outre la reconnaissance de la souffrance, la compassion dépend de bien d'autres facteurs, comme par exemple de notre connaissance de l'autre, des relations que nous entretenons avec lui, de notre capacité à nous identifier à lui, de notre désir d'endosser sa situation émotionnelle, de ses désirs, de ses attentes, etc. Si c'est quelqu'un que nous connaissons ou qui ne nous inspire aucun sentiment négatif, la résonance émotionnelle provoquée à la vue de sa souffrance peut nous inspirer de la compassion ou de la pitié ; mais les choses peuvent se passer tout autrement si cet individu est notre ennemi ou bien si, dans une situation donnée, il est en train de commettre un acte qui représente pour nous un danger potentiel ; il se peut aussi que nous soyons profondément sadiques, et que la souffrance des autres nous procure du plaisir, etc. Dans chacune de ces situations, nous percevons immédiatement la douleur d'autrui, mais cette perception n'induit pas nécessairement chaque fois une coparticipation empathique.

Il ne faut pas oublier que, dans l'expérience de Wicker et de ses collaborateurs, les participants n'avaient reçu aucune instruction, ils avaient seulement été invités à regarder les vidéos qui leur étaient présentées. Il ne leur avait pas été demandé de s'identifier aux personnes qui apparaissaient sur l'écran ou d'imaginer ce qu'ils auraient ressenti à leur place. Ils ignoraient la raison pour laquelle ils devaient les observer pendant qu'elles humaient le contenu d'un verre. Le fait que la vue d'une expression faciale de dégoût activait chez les participants les mêmes aires impliquées dans la perception à la première personne de substances malodorantes montrait que la reconnaissance de l'état émotionnel des autres était immédiate et automatique. Le mécanisme des neurones miroirs résonnait uniquement en vertu de la présentation de certains stimuli visuels, et la sélectivité de ses réponses dépendait radicalement de ces stimuli.

Encore une fois, le parallèle avec la compréhension des actions accomplies par les autres peut nous aider. Nous avons expliqué à plusieurs reprises que, en raison de son caractère direct et préréflexif, cette compréhension déterminait l'émergence d'un espace d'action potentiellement partagé, et que cet espace était à l'origine de formes d'interaction de plus en plus élaborées (imitation, communication intentionnelle, etc.) lesquelles, à leur tour, s'appuient sur des systèmes de neurones miroirs de plus en plus articulés et différenciés. Pareillement, la capacité qu'à le cerveau de résonner à la vue du visage et des gestes d'un autre individu et de les coder immédiatement en termes viscéromoteurs fournit le substrat neural d'une coparticipation empathique qui, fût-ce de différentes manières et à différents niveaux, alimente et oriente nos conduites et nos relations interindividuelles. Il est légitime de penser, dans ce cas aussi, que les systèmes des neurones miroirs à chaque fois impliqués présentent une organisation et une architecture différentes, plus ou moins élaborées, selon les réactions et les phénomènes émotionnels auxquels elles sont liées.

Quoi qu'il en soit, il n'en demeure pas moins que ces mécanismes renvoient à une matrice fonctionnelle commune, et que cette matrice est semblable à celle qui intervient dans la perception des actions. Quelles que soient les aires corticales intéressées (centres moteurs ou viscéro-moteurs) et le type de résonance induite, le mécanisme des neurones miroirs incarne, sur le plan neural, cette modalité de la compréhension qui, avant toute médiation conceptuelle et linguistique, donne forme à notre expérience des autres. L'étude du système moteur nous avait orientés vers une analyse neurophysiologique de l'action capable d'identifier les circuits neuraux qui régissent nos rapports avec les objets. La mise en lumière de la nature et de la portée du mécanisme des neurones miroirs semble, à présent, nous offrir une base unitaire à partir de laquelle nous pouvons commencer à comprendre les processus cérébraux responsables de cette riche palette de comportements qui scandent notre existence, et dans laquelle prend corps le réseau de nos relations interindividuelles et sociales.

BIBLIOGRAPHIE

ADOLPHS, R. (2001), « The neurobiology of social cognition », *Current Opinion in Neurobiology*, 11, p. 231-239.

ADOLPHS, R. (2002), « Neural systems for recognizing emotion », *Current Opinion in Neurobiology*, 12, p. 169-177.

ADOLPHS, R. (2003), « Cognitive neuroscience of human social behavior », *Nature Reviews Neuroscience*, 4, p. 165-178.

ADOLPHS, R., TRANEL, D., DAMASIO, A.R. (2003), « Dissociable neuralsystems for recognizing emotions », *Brain Cognition*, 52, p. 61-69.

AGLIOTI, S., SMANIA, N., MANFREDI, M., BERLUCCHI, G. (1996), « Disownership of left hand and objects related to it in a patient with right brain damage », *Neuroreport*, 8, p. 293-296.

ALLISON, T., PUCE, A., MCCARTHY, G. (2000), « Social perception from visual cues : role of the STS region », *Trends in Cognitive Sciences*, 4, p. 267-278.

ALTSCHULER, E. L., VANKOV, A., WANG, V., RAMACHANDRAN, V. S., PINEDA, J. A. (1997), « Person see, person do : human cortical electrophysiological correlates of monkey see monkey do cell », *Society of Neuroscience Abstracts*, 719.17.

ALTSCHULER, E. L., VANKOV, A., HUBBARD, E. M., ROBERTS, E., RAMACHANDRAN, V. S., PINEDA, J. A. (2000), « Mu wave blocking by observation of movement and its possible use as a tool to study theory of other minds », *Society of Neuroscience Abstracts*, 68.1.

ANDERSEN, R. A. (1987), « Inferior parietal lobule function in spatial perception and visuomotor integration », in BROOKHART, J. M., MOUNTCASTLE, V. B. (sld.), *Handbook of Physiology. The Nervous System. Higher Function of the Brain*, Bethesda (MD), American Physiological Society, section 1, vol. 5, p. 483-518.

ANDERSEN, R. A., SNYDER, A. L., BRADLEY, D. C., XING, J. (1997), « Multimodal representation of space in the posterior parietal cortex and its use in planning movements », *Annual Reviw of Neuroscience*, 20, p. 303-330.

ARBIB, M. A. (1981), « Perceptual structures and distributed motor control », in BROOKS, V. B. (sld.), *Handbook of Physiology*, section 2 : *The Nervous System.*, vol. II : *Motor Conrol*, Baltimore, Williams and Wilkins, p. 1449-1480.

ARBIB, M. A. (2002), « Beyond the mirror system : imitation and evolution of language », in NEHANIV, C., DAUTENHAHN, K. (sld.), *Imitation in Animals and Artifacts*, Boston (MA), MIT Press, p. 229-280.

ARBIB, M. A. (2005), « From monkey-like action recognition to human language : an evolution framework for neurolinguistics », *Behaviorial and Brain Sciences*, 28, p. 105-167.

ARMSTRONG, D. F. (1999), *Original Signs. Gesture, Sign and the Sources of Langage*, Washington, Gallauder.

ARMSTRONG, D. F., STOKOE, W. C., WILCOX, S. E. (1995), *Gesture and the Nature of Language*, Cambridge, Cambridge University Press.

AUGUSTINE, J. R. (1996), « Circuitry and functional aspects of the insular lobe in primate including humans », *Brain Research Review*, 22, p. 229-244.

BERKKERING, H. (2002), « Imitation common mechanisms in the observation and execution of finger and mouth movements », in PRINZ, W., MELTZOFF, A. N. (sld.), *The Imitative Mind : Development, Evolution and Brain Bases*, Cambridge, Cambridge University Press, p. 163-182.

BEKKERING, H., WOHLSCHLÄGER, A., GATTIS, M. (2000), « Imitation of gestures in children in goal-directed », *Quarterly Journal of Experimental Psychology*, 53A, p. 153-164.

BEKKERING, H., WOHLSLÄGER, A. (2002), « Action perception and imitation : a tutorial », in PRINZ, W., HOMMEL, B. (sld.), *Attention and Performance XIX : Common Mechanisms in Perception and Action*, Oxford, Oxford University Press, p. 294-333.

BERTHOZ, A., (1997), *Le Sens du mouvement*, Odile Jacob, Paris.

BERTI, A., FRASSINETTI, F. (2000), « When far becomes near : re-maping of space by tool use », *Journal of Cognitive Neuroscience*, 12, p. 415-420.

BERTI, A. SMANIA, N., ALLPORT, A. (2001), « Coding of far and near space in neglect patients », *Neuroimage*, 14, p. 98-102.

BERTI, A., RIZZOLATTI, G. (2002), « Coding near and far space », in KARNATH, H.-O., MILNER, D., VALLAR, G. (sld.), *The Cognitive and Neural Bases of Spatial Neglect*, Oxford, Oxford University Press, p. 119-129.

BICKERTON, D. (1995), *Langage and Human Behavior*, Washington, University of Washington Press.

BINKOFSKI, F., DOHLE, C., POSSE, S., STEPHAN, K. M., HFTER, H., SEITZ, R. J., FREUND, H. J. (1998), « Human anterior intraparietal area subservers prehension : a combinde lesion and functional MRI activation study », in *Neurology*, 50, p. 1253-1259.

BINKOFSKI, F., BUCCINO, G., POSSE, S., SEITZ, R. J., RIZZOLATTI, G., FREUND, H. J. (1999), « A fronto-parietal circuit for object manipulation in man : evidence from an fMRI study », *European Journal of Neuroscience*, 11, p. 3276-3286.

BISIACH, E., VALLAR, G. (2000), « Unilateral neglect in humans », in BOLLER, F., GRAFMAN, J., RIZZOLATTI, G. (sld.), *Handbook of Neuropsychology*, 2ᵉ éd., Amsterdam, Elsevier, vol. 1, p. 459-502.

BLAKEMORE, S. J., DECETY, J. (2001), « From the perception of action to the understanding of intention », in *Nature Neuroscience*, 2, p. 561-567.

BONIN, G. VON, BAILEY, P. (1947), *The Neocortex of* Macaca Mulatta, Urbana (ILL), University of Illinois Press.

BREMMER, F., SCHLACK, A., SHAH, N. J., ZAFIRIS, O., KUBISCHIK, M., HOFFMANN, K., ZILLES, K., FINK, G. R. (2001), « Polymodal motion processing in posterior parietal and premotor cortex : a human fMRI study strongly implies equivalencies between humans and monkeys », *Neuron*, 29, p. 287-296.

BRETHERTON, I., FRITZ, J., ZAHN-WAXLER, C., RIDGEWAY, D. (1986), « The acquisition and development of emotion language : a functionalist perspective », *Child Development*, 57, p. 529-548.

BRODMANN, K. (1909), *Vergleichende Lokalisationslehre der Grosshirnrinde in ihren Prinzipien dargestellt auf Grund des Zellenbaues*, Leipzig, Barth.

BRUCE, C. J. (1988), « Single neuron activity in the monkey's prefrontal cortex », in RAKIC, P., SINGER, W. (sld.), *Neurobiology of Neocortex*, New York, Wiley, p. 297-329.

BRUCE, C. J., DESIMONE, R., GROSS, C. G. (1981), « Visual properties of neurons in a polisensory area in superior temporal sulcus of the macaque », *Journal of Neurophysiology*, 46, p. 369-384.

BUBNER, R. (1976), *Azione, linguaggio e ragione. I concetti fondamentali della filosofia pratica*, tr. it. Il Mulino, Bologne, 1985.

BUCCINO, G., BINKOFSKI, F., FINK, G. R., FADIGA, L., FOGASSI, L., GALLESE, V., SEITZ, R. J., ZILLES, K., RIZZOLATTI, G., FREUND, H.-J. (2001), « Action observation activates premotor and parietal areas in a somatotopic manner : an fMRI study », *European Journal of Neuroscience*, 13, p. 400-404.

BUCCINO, G., LUI, F., CANESSA, N., PATTERI, I., LAGRAVINESE, G., BENUZZI, F., PORRO, C. A., RIZZOLATTI, G. (2004a), « Neural circuits involved in the recognition of actions performed by non con-specifics : an fMRI study », *Journal of Cognitive Neuroscience*, 16, p. 114-126.

BUCCINO, G., VOGT, S., RITZL, A., FINK, G. R., ZILLES, K., FREUND, H.-J., RIZZOLATTI, G. (2004b), « Neural circuits underlying imitation learning of hand actions : an event-related fMRI study », *Neuron*, 42, p. 323-334.

BUTTERWORTH, G., HARRIS, M. (1994), *Principles of Developmental Psychology*, Hove, East Sussex (R.-U.), Lawrence Erlbaum Associates.

BYRNE, R. W. (1995), *The Thinking Ape. Evolutionary Origins of Intelligence*, Oxford, Oxford University Press.

BYRNE, R.W. (2002), « Seeing actions as hierarchically organized structures : great ape manual skills », in PRINZ, W., MELTZOFF, A. N. (sld.), *The Imitative Mind : Development, Evolution and Brain Bases*, Cambridge, Cambridge University Press, p. 122-140.

BYRNE, R.W. (2003), « Imitation as behaviour parsing », in *Philosophical Transactions of the Royal Society of London*, Series B, 358, p. 529-536.

BYRNE, R. W., RUSSON, A. E. (1998), « Learning by imitation : a hierarchical approach », *Behavioral Brain Sciences*, 21, p. 667-712.

CALDER, A. J., KEANE, J., MANES, F., ANTOUN, N., YOUNG, A. W. (2000), « Impaired recognition and experience of disgust following brain injury », *Nature Neuroscience*, 3, p. 1077-1078.

CALDER, A. J., LAWRENCE, A. D., YOUNG, A. W. (2001), « Neuropsychology of fear and loathing », *Nature Reviews Neuroscience*, 2, p. 352-363.

CALVO-MERINO, B., GLASER, D. E., GRÈZES, J., PASSINGHAM, R. E., HAGGARD, P. (2005), « Action observation and acquired motor skills : an fMRI study with expert dancers », *Cerebral Cortex*, 15, 8, p. 1243-1249.

CAMINITI, R., FERRAINA, S., JOHNSON, P. B. (1996), « The sources of visual information to the primate frontal lobe : a novel role for the superior parietal lobule », *Cerebral Cortex*, 6, p. 319-328.

CAMPBELL, A. W. (1905), *Histological Studies on the Localization of Cerebral Function*, Cambridge, Cambridge University Press.

CHANGEUX, J.-P., RICŒUR, P. (1998), *Ce qui nous fait penser. La nature et la règle*, Paris, Odile Jacob.

CHAO, L. L., MARTIN, A. (2000), « Representation of manipulable man-made objects in the dorsal stream », *Neuroimage*, 12, p. 478-484.

CHENEY, D. L., SEYFARTH, R. M. (1990), *How Monkeys See the World, inside the Mind of Another Species*, Chicago-Londres, University of Chicago Press.

CHIARUGI, G. (1954), *Istituzioni di anatomia dell'uomo*, Milan, Società editrice libraria.

CHIEFFI, S., FOGASSI, L., GALLESE, V., GENTILUCCI, M. (1992), « Prehension movements directed to approaching objects : influence of stimulus velocity on the transport and the grasp components », *Neuropsychologia*, 30, p. 877-897.

COCHIN, S., BARTHÉLEMY, C., LEJEUNE, B., ROUX, S., MARTINEAU, J. (1998), « Perception of motion and qEEG activity in human adults », *Electroencephalography and Clinical Neurophysiology*, 107, p. 287-295.

COCHIN, S., BARTHÉLEMY, B., ROUX, S., MARTINEAU, J. (1999), « Observation and execution of movement : similarities demonstrated by quantified electroencephalography », *European Journal of Neuroscience*, 11, p. 1839-1842.

COHEN-SEAT, G., GASTAUT, H.-J., FAURE, J., HEUYER, G. (1954), « Études expérimentales de l'activité nerveuse pendant la projection cinématographique », *Revue international de filmologie*, 5, p. 7-64.

COLBY, C. L., GATTASS, R., OLSON, C. R., GROSS, C. G. (1988), « Topographical organization of cortical afferents to extrastriate visual area PO in the macaque : a dual tracer study », *The Journal of Comparative Neurology*, 269, p. 392-413.

COLBY, C. L., DUHAMEL, J.-R. (1991), « Heterogeneity of extrastriate visual areas and multiple parietal areas in the macaque monkeys », *Neuropsychologia*, 29, p. 517-537.

COLBY, C. L., DUHAMEL, J.-R., GOLDBERG, M. E. (1993), « Ventral intraparietal area of the macaque : anatomic location and visual response properties », *Journal of Neurophysiology*, 69, p. 902-914.

COLBY, C. L., GOLDBERG, M. E. (1999), « Space and attention in parietal cortex », in *Annual Review of Neuroscience*, 22, p. 319-349.

CONDILLAC, É. BONNOT DE (1746), *Essai sur l'origine des connaissances humaines*, Paris, Vrin, 2002.

CORBALLIS, M. C. (1992), « On the evolution of language and generativity », *Cognition*, 44, p. 197-226.

CORBALLIS, M. C. (2002), *From Hand to Mouth : The Origins of Language*, Princeton, Princeton University Press.

CORBALLIS, M. C. (2003), « From hand to mouth : gestures, speech, and the evolution of right-handedness », *Behavioral and Brain Sciences*, 26, p. 199-260.

COWEY, A., SMALL, M., ELLIS, S. (1994), « Left visual-spatial neglect can be worse in far than in near space », *Neuropsychologia*, 32, p. 1059-1066.

COWEY, A., SMALL, M., ELLIS, S. (1999), « No abrupt change in visual hemineglect from near to far space », *Neuropsychologia*, 37, p. 1-6.

CRAIG, A. D. (2002), « How do you feel ? Interoception : the sense of the physiological condition of the body », *Nature Reviews of Neuroscience*, 4, p. 2051-2062.

DAMASIO, A. R. (2003), *Spinoza avait raison*, tr. fr., Paris, Odile Jacob, 2003.

DARWIN, C. R. (1872), *L'Expression des émotions chez l'homme et les animaux*, tr. fr. 1890, reprise par les éditions du CTHS, Paris, 1998.

DECETY, J., PERANI, D., JEANNEROD, M., BETTINARDI, V., TADARY, B., WOODS, R., MAZZIOTTA, J. C., FAZIO, F. (1994), « Mapping motor representations with positron emission tomography », *Nature*, 371, p. 600-602.

DE RENZI, E. (1982), *Disorders of Space Exploration and Cognition*, Chichester (R.-U.), John Wiley.

DESIMONE, R., ALBRIGHT, T. D., GROSS, C. G., BRUCE, C. (1 984), « Stimulus selective properties of inferior temporal neurons in the macaque », *Journal of Neuroscience*, 4, p. 2051-2062.

DEWAAL, F. B. M. (1982), *Chimpanzee Politics. Power and Sex among Apes*, New York, Harper & Row.

DI PELLEGRINO, G., FADIGA, L., FOGASSI, L., GALLESE, V., RIZZOLATTI, G. (1992), « Understanding motor events : a neurophysiological study », in *Experimental Brain Research*, 91, p. 176-180.

DI PELLEGRINO, G., LÀDAVAS, E., FARNÉ, A. (1997), « Seeing where your hands are », *Nature*, 388, p. 730.

DONALD, M. (1991), *L'Evoluzione della mente. Per una teoria darwiniana della conoscenza*, tr. it., Milan, Garzanti, 1996.

ECONOMO, C. VON, KOSKINAS, G. N. (1925), *Die Cytoarchitektonik der Hirnrinde des erwachsenen Menschen*, Vienne, Springer.

EHRSSON, H. H., FAGERGREN, A., JONSSON, T., WESTLING, G., JOHANSSON, R. S., FORSSBERG, H. (2000), « Cortical activity in precision- versus power-grip tasks : an fMRI study », *Journal of Neurophysiology*, 83, p. 528-536.

EVARTS, E. V., SHINODA, Y., WISE, S. P. (1984), *Neurophysiological Approaches to Higher Brain Functions*, New York, Wiley.

FADIGA, L., FOGASSI, L., PAVESI, G., RIZZOLATTI, G. (1995), « Motor facilitation during action observation : a magnetic stimulation study », *Journal of Neurophysiology*, 73, p. 2608-2611.

FADIGA, L., FOGASSI, L., GALLESE, V., RIZZOLATTI, G. (2000), « Visuomotor neurons : ambiguity of the discharge or "motor" perception ? », *International Journal of Psychophysiology*, 35, p. 165-177.

FADIGA, L., CRAIGHERO, L., BUCCINO, G., RIZZOLATTI, G. (2002), « Speech listening specifically modulates the excitability of tongue muscles : a TMS study », *European Journal of Neuroscience*, 17, p. 1703-1714.

FAGG, A. H., ARBIB, M. A. (1998), « Modelling parietal-premotor interactions in primate control grasping », *Neural Network*, 11, p. 1277-1308.

FALK, D. (1983), « The Taung endocast : a reply to Holloway », in *American Journal of Physical Anthropology*, 60, p. 17-45.

FERRARI, P. F., GALLESE, V., RIZZOLATTI, G., FOGASSI, L. (2003), « Mirror neurons responding to the observation of ingestive and communicative mouth actions in the monkey ventral premotor cortex », *European Journal of Neuroscience*, 17, p. 1703-1714.

FIELD, T., WOODSON, R., GREENBERG, R., COHEN, D. (1982), « Discrimination and imitation of facial expressions by neonates », *Science*, 218, p. 179-181.

FOGASSI, L., GALLESE, V., DI PELLEGRINO, G., FADIGA, L., GENTILUCCI, M., LUPPINO, G., MATELLI, M., PEDOTTI, A., RIZZOLATTI, G. (1992), « Space coding by premotor cortex », *Experimental Brain Research*, 89, p. 686-690.

FOGASSI, L., GALLESE, V., FADIGA, L., LUPPINO, G., MATELLI, M., RIZZOLATTI, G. (1996a), « Coding of peripersonal space in inferior premotor cortex (F4) », *Journal of Neurophysiology*, 76, p. 141-157.

FOGASSI, L., GALLESE, V., FADIGA, L., RIZZOLATTI, G. (1996b), « Space coding in inferior premotor cortex (area F4) : facts and speculations », in LACQUANITI, F., VIVIANI, P. (sld.), *Neural Bases of Motor Behaviour*, Dordrecht, Kluwer, p. 99-120.

FOGASSI, L., GALLESE, V., FADIGA, L., RIZZOLATTI, G. (1998), « Neurons responding to the sight of goal-directed hand/arm actions in the parietal area PF (7b) of the macaque monkey », in *Society for Neuroscience Abstracts*, 24, 257.5.

FOGASSI, L., GALLESE, V., BUCCINO, G., CRAIGHERO, L., FADIGA, L., RIZZOLATTI, G. (2001), « Cortical mechanisms for the visual guidance of hand grasping movements in the monkey : a reversible inactivation study », *Brain*, 124, p. 571-586.

FOGASSI, L., GALLESE, V. (2002), « The neural correlates of action understanding in non-human primates », in STAMENOV, M.I., GALLESE, V. (sld.), *Mirror Neurons and the Evolution of Brain and Language. Advances in Consciousness Research*, Amsterdam, John Benjamins Publishing & Co., p. 13-55.

FOGASSI, L., FERRARI, P. F. (2005), « Neurones miroir, gestes et évolution du langage », *Primatologie*, 6, p. 263-286.

FOGASSI, L., FERRARI, P. F., GESIERICH, B., ROZZI, S., CHERSI, F., RIZZOLATTI, G. (2005), « Parietal lobe : from action organization to intention understanding », *Science*, 308, p. 662-667.

FRASSINETTI, F., ROSSI, M., LÀDAVAS, E. (2001), « Passive limb movements improve visual neglect », *Neuropsychologia*, 39, p. 725-733.

FREUND, H.-J. (1996), « Historical Overview », in LUDERS, H.O. (sld.), *Supplementary Sensorimotor Area*, Philadelphie, Lippincott-Raven Publishing, p. 17-27.

FRONTERA, J. G. (1956), « Some results obtained by electrical stimulation of the cortex of the island of Reil in the brain of the monkey (*Macaca mulatta*) », *The Journal of Comparative Neurology*, 105, p. 365-394.

FUNAHASHI, S., BRUCE, C. J., GOLDMAN-RAKIC, P. S. (1990), « Mnemonic coding of visual space in the monkey's dorsolateral prefrontal cortex », *Journal of Neurophysiology*, 63, p. 814-831.

FUSTER, J. M. (1989), *The Prefrontal Cortex*, New York, Raven Press.

FUSTER, J. M., ALEXANDER, G. E. (1971), « Neuron activity related to short-term memory », *Science*, 173, p. 652-654.

GALEA, M. P., DARIAN-SMITH, I. (1994), « Multiple corticospinal neuron populations in the macaque monkey are specified by their unique cortical origins, spinal terminations, and connections », *Cerebral Cortex*, 4, p. 166-194.

GALLESE, V. (2000), « The inner sense of action. Agency and motor representations », *Journal of Consciousness Studies*, 7, 10, p. 23-40.

GALLESE, V. (2001), « The "shared manifold" hypothesis : from mirror neuron to empathy », *Journal of Consciousness Studies*, 8, p. 33-50.

GALLESE, V. (2005), « Embodied simulation : from neurons to phenomenal experience », *Phenomenology and the Cognitive Sciences*, 4, p. 23-48.

GALLESE, V., MURATA, A., KASEDA, M., NIKI, N., SAKATA, H. (1994), « Deficit of hand preshaping after mucimol injection in monkey parietal cortex », *Neuroreport*, 5, p. 1525-1529.

GALLESE, V., FADIGA, L., FOGASSI, L., RIZZOLATTI, G. (1996), « Action recognition in the premotor cortex », *Brain*, 119, p. 593-609.

GALLESE, V., CRAIGHERO, L., FADIGA, L., FOGASSI, L. (1999), « Perception through action », *Psyche*, 5, p. 21.

GALLESE, V., FOGASSI, L., FADIGA, L., RIZZOLATTI, G. (2002), « Action representation and the inferior parietal lobule », in PRINZ, W., HOMMEL, B. (sld.), *Attention and Performance XIX : Common Mechanisms in Perception and Action*, Oxford, Oxford University Press, p. 335-355.

GALLESE, V., KEYSERS, C., RIZZOLATTI, G. (2004), « A unifying view of the basis of social cognition », *Trends in Cognitive Sciences*, 8, 9, p. 396-403.

GALLETTI, C., FATTORI, P., KUTZ, D. F., BATTAGLINI, P. P. (1999), « Brain location and visual topography of cortical area V6A in the macaque monkey », *European Journal of Neuroscience*, 11, p. 575-582.

GALLETTI, C., GAMBERINI, M., KUTZ, D. F., FATTORI, P., LUPPINO, G., MATELLI, M. (2001), « The cortical connections of area V6A : an occipito-parietal network processing visual information », *European Journal of Neuroscience*, 13, p. 1572-1588.

GAMBERINI, M., GALLETTI, C., LUPPINO, G., MATELLI, M. (2002), « Cytoarchitectonic organization of the functionally defined areas V6 and V6A in the parieto-occipital cortex of macaque brain », *Journal of Physiology*, 543P, 113P.

GANGITANO, M., MOTTAGHY, F. M., PASCUAL-LEONE, A. (2001), « Phase specific modulation of cortical motor output during movement observation », *NeuroReport*, 12, p. 1489-1492.

GASTAUT, H. J., BERT, J. (1954), « EEG changes during cinematographic presentation », *Electroencephalography and Clinical Neurophysiology*, 6, p. 433-444.

GENTILUCCI, M. (2003), « Grasp observation influences speech production », *European Journal of Neuroscience*, 17, p. 179-184.

GENTILUCCI, M., SCANDOLARA, C., PIGAREV, I. N., RIZZOLATTI, G. (1983), « Visual responses in the postarcuate cortex (area 6) of the monkey that are independent of eye position », *Experimental Brain Research*, 50, p. 464-468.

GENTILUCCI, M., FOGASSI, L., LUPPINO, G., MATELLI, M., CAMARDA, R., RIZZOLATTI, G. (1988), « Functional organization of inferior area 6 in the macaque monkey. I. Somatotopy and the control of proximal movements », *Experimental Brain Research*, 71, p. 475-490.

GENTILUCCI, M., BENUZZI, F., GANGITANO, M., GRIMALDI, S. (2001), « Grasp with hand and mouth : a kinematic study on healthy subjects », *Journal of Neurophysiology*, 86, p. 1685-1699.

GIBSON, J. J. (1979), *Un approccio ecologico alla percezione visiva*, tr. it. Il Mulino, Bologne, 1999.

GIBSON, K. R., JESSEE, S. (1999), « Language evolution and expansions of multiple neurological processing areas », in KING, B. J. (sld.), *The Origins of Language. What Nonhuman Primates Can Tell Us*, Santa Fe (NM), School of American Research Press, p. 189-227.

GODSCHALK, M., LEMON, R. N., KUYPERS, H. G., RONDAY, H. K. (1 984), « Cortical afferents and efferents of monkey postarcuate area : an anatomical and electrophysiological study », *Experimental Brain Research*, 56, p. 410-424.

GOLDBERG, M. E., BRUCE, C. J. (1990), « Primate frontal eye fields. III. Maintenance of a spatially accurate saccade signal », *Journal of Neurophysiology*, 64, p. 489-508.

GOLDBERG, M. E., COLBY, C. L., DUHAMEL, J.-R. (1990), « The representation of visuomotor space in the parietal lobe of the monkey », *Cold Spring Harbor Symposia on Quantitative Biology*, 55, p. 729-739.

GOODALE, M. A., MILNER, A. D. (1992), « Separate visual pathways for perception and action », *Trends in Neuroscience*, 15, p. 20-25.

GOODALL, J. (1986), *The Chimpanzees of Gombe : Patterns of Behavior*, Cambridge, Harvard University Press.

GRAFTON, S. T., ARBIB, M. A., FADIGA, L., RIZZOLATTI, G. (1996), « Localization of grasp representations in humans by PET : 2. Observation compared with imagination », *Experimental Brain Research*, 112, p. 103-111.

GRAFTON, S. T., FADIGA, L., ARBIB, M. A., RIZZOLATTI, G. (1997), « Premotor cortex activation during observation and naming of familiar tools », *Neuroimage*, 6, p. 231-236.

GRAZIANO, M. S. A., GROSS, C. G. (1994), « Mapping space with neurons », *Current Directions in Psychological Science*, 3, 5, p. 164-167.

GRAZIANO, M. S. A., YAP, G. S., GROSS, C. G. (1994), « Coding of visual space by premotor neurons », *Science*, 266, p. 1054-1057.

GRAZIANO, M. S. A., GROSS, C. G. (1995), « The representation of extrapersonal space. A possible role for bimodal, visual-tactile neurons », in GAZZANIGA, M. S. (sld.), *The Cognitive Neurosciences*, MIT Press, Cambridge (MA).

GRAZIANO, M. S. A., HU, X., GROSS, C. G. (1997), « Visuo-spatial properties of ventral premotor cortex », *Journal of Neurophysiology*, 77, p. 2268-2292.

GRAZIANO, M. S. A., GROSS, C. G. (1998), « Spatial maps for the control of movement », *Current Opinion in Neurobiology*, 8, p. 195-201.

GRAZIANO, M. S. A., REISS, L. A. J., GROSS, C. G. (1999), « A neural representation of the location of nearby sounds », *Nature*, 397, p. 428-430.

GREENWALD, A. G. (1970), « Sensory feedback mechanisms in performance control : with special reference to the ideo-motor mechanism », *Psychological Review*, 77, p. 73-99.

GRÈZES, J., COSTES, N., DECETY, J. (1998), « Top-down effect of strategy on the perception of human biological motion : a PET investigation », *Cognitive Neuropsychology*, 15, p. 553-582.

GRÈZES, J., DECETY, J. (2001), « Functional anatomy of execution, mental simulation, observation and verb generation of actions : a meta-analysis », *Human Brain Mapping*, 12, p. 1-19.

HADAR, U., WENKERT-OLENIK, D., KRAUSS, R., SOROKER, N. (1998), « Gesture and processing of the speech : neuropsychological evidence », *Brain and Language*, 62, p. 107-126.

HALLIGAN, P. W., MARSHALL, J. C. (1991), « Left neglect for near but not far space in man », *Nature*, 350, p. 498-500.

HANLON, R. E., BROWN, J. W., GERSTMAN, L. J. (1990), « Enhancement of naming in nonfluent aphasia through gesture », *Brain and Language*, 38, p. 298-314.

HARI, R., FORSS, N., AVIKAINEN, S., KIRVESKARI, S., SALENIUS, S., RIZZOLATTI, G. (1998), « Activation of human primary motor cortex during action observation : a neuromagnetic study », *Proceedings of National Academy of Sciences of USA*, 95, p. 15061-15065.

HAUSER, M. D. (1996), *The Evolution of Communication*, Cambridge (MA), MIT Press.

HAUSER, M. D., CHOMSKY, N., FITCH, W. T. (2002), « The faculty of language : what is it, who has it, and how did it evolve ? », *Science*, 286, p. 2526-2528.

HE, S. Q., DUM, R. P., STRICK, P. L. (1993), « Topographic organization of corticospinal projections from the frontal lobe : motor areas on the lateral surface of the hemisphere », *Journal of Neuroscience*, 13, p. 952-980.

HE, S. Q., DUM, R. P., STRICK, P. L. (1995), « Topographic organization of corticospinal projections from the frontal lobe : motor areas on the medial surface of the hemisphere », *Journal of Neuroscience*, 15, p. 3284-3306.

HEISER, M., IACOBONI, M., MAEDA, F., MARCUS, J., MAZZIOTTA, J. C. (2003), « The essential role of Broca's area in imitation », *European Journal of Neuroscience*, 17, p. 1123-1128.

HENNEMAN, E. (1984), « Organizzazione dei sistemi motori, premessa », tr. it, in MOUNTCASTLE, V. B., *Fisiologia medica*, Padoue, Piccin, 1984, vol. 1, p. 825-830.

HEYES, C. (2001), « Causes and consequences of imitation », *Trends in Cognitive Sciences*, 5, p. 253-261.

HOLLOWAY, R. L. (1983), « Human paleontological evidence relevant to language behavior », *Human Neurobiology*, 2, p. 105-114.

HOLLOWAY, R. L. (1985), « The past, present, and future significance of the lunate sulcus in early hominid evolution », in TOBIAS, P. V. (sld.), *Hominid Evolution. Past, Present, and Future*, New York, Allen R. Liss, p. 47-62.

HUSSERL, E. (1931), « Assoziative Passivität des Ich und Ichaktivität in der untersten Stufe ; Kinästhese in der praktischen und nichtpraktischen Funktion. Zur Konstitution der Tastwelt. Die haptischen Kinästhesen ». Manuscrit inédit conservé aux Archives Husserl de Louvain, portant la cote D 12 III.

HUTCHISON, W. D., DAVIS, K. D., LOZANO, A. M., TASKER, R. R., DOSTROVSKY, J. O. (1999), « Pain related neurons in the human cingulate cortex », *Nature Neuroscience*, 2, p. 403-405.

HYVÄRINEN, J. (1981), « Regional distribution of functions in parietal association area 7 of the monkey », *Brain Research*, 206, p. 287-303.

IACOBONI, M., WOODS, R. P., BRASS, M., BEKKERING, H., MAZZIOTTA, J. C., RIZZOLATTI, G. (1999), « Cortical mechanisms of human imitation », *Science*, p. 2526-2528.

IACOBONI, M., KOSKI, L. M., BRASS, M., BEKKERING, H., WOODS, R. P., DUBEAU, M. C., MAZZIOTTA, J. C., RIZZOLATTI, G. (2001), « Reafferent copies of imitated actions in the right superior temporal cortex », *Proceedings of National Academy of Sciences of USA*, 98, 24, p. 13995-13999.

IACOBONI, M., MOLNAR-SZAKACS, I., GALLESE, V., BUCCINO, G., MAZZIOTTA, J. C., RIZZOLATTI, G. (2005), « Grasping the intentions of others with one's own mirror neuron system », *PLoS Biology*, 3, p. 529-535.

INGLE, D. (1967), « Two visual mechanisms underlying the behavior of fish », *Psychologische Forschung*, 31, p. 44-51.

INGLE, D. (1973), « Two visual systems in the frog », *Science*, 181, p. 1053-1055.

IRIKI, A., TANAKA, M., IWAMURA, Y. (1996), « Coding of modified body schema during tool use by macaque postcentral neurones », *Neuroreport*, 7, p. 2325-2330.

JACOB, P., JEANNEROD, M. (2003), *Ways of Seeing. The Scope and Limits of Visual Cognition*, New York, Oxford University Press.

JAMES, W. (1890), *Principles of Psychology*, New York, 2 vol., 1890.

JEANNEROD, M. (1988), *The Neural and Behavioural Organization of Goal-directed Movements*, Oxford, Oxford University Press.

JEANNEROD, M. (1994), « The representing brain : neural correlates of motor intention and imagery », *Behavioral Brain Sciences*, 17, p. 187-245.

JEANNEROD, M. (1997), *The Cognitive Neuroscience of Action*, Oxford, Blackwell. Pour une version française, qui n'est toutefois pas une traduction, voir *La Nature de l'esprit*, Paris, Odile Jacob, 2002.

JEANNEROD, M., ARBIB, M. A., RIZZOLATTI, G., SAKATA, H. (1995), « Grasping objects : the cortical mechanisms of visuomotor transformation », *Trends in Neuroscience*, 18, p. 314-320.

JELLEMA, T., BAKER, C. I., WICKER, B., PERRETT, D. I. (2000), « Neural representation for the perception of the intentionality of actions », *Brain Cognition*, 44, p. 280-302.

JELLEMA, T., BAKER, C. I., ORAM, M. W., PERRETT, D. I. (2002), « Cell populations in the banks of the superior temporal solcus of the macaque monkey and imitation », in MELTZOFF, A. N., PRINZ, W. (sld.), *The Imitative Mind : Development, Evolution and Brain Bases*, Cambridge, Cambridge University Press, p. 267-290.

JÜRGENS, U. (1995), « Neuronal control of vocal production in humans and non humans primates », in ZIMMERMAN, E., NEWMAN, J. D., JÜRGENS, U. (sld.), *Current Topics in Primate Vocal Communication*, New York, Plenum Press, p. 199-206.

JÜRGENS, U. (2002), « Neural pathways underlying vocal control », *Neuroscience and Biobehavioral Review*, 26, p. 235-258.

KAADA, B. R., PRIBRAM, K. H., EPSTEIN, J. (1949), « Respiratory and vascular responses in monkeys from temporal pole, insula, orbital surface and cingulated gyrus », *Journal of Neurophysiology*, 12, p. 347-356.

KAWATO, M. (1997), « Bidirectional theory approach to consciousness », in ITO, M., MIYASHITA, Y., ROLLS, E. T. (sld.), *Cognition, Computation and Consciousness*, Oxford, Oxford University Press, p. 223-248.

KAWATO, M. (1999), « Internal models for motor control and trajectory planning », *Current Opinion in Neurobiology*, 9, p. 718-727.

KEIZER, K., KUYPERS, H. G. J. M. (1989), « Distribution of corticospinal neurons with collaterals to the lower brain stem reticular formation in monkey (*Macaca fascicularis*) », *Experimental Brain Research*, 74, p. 311-318.

KEYSERS, C., KOHLER, E., UMILTÀ, M. A., FOGASSI, L., RIZZOLATTI, G., GALLESE, V. (2003), « Audio-visual mirror neurons and action recognition », *Experimental Brain Research*, 153, p. 628-636.

KOHLER, E., KEYSERS, C., UMILTÀ, M. A., FOGASSI, L., GALLESE, V., RIZZOLATTI, G. (2002), « Hearing sounds, understanding actions : action representation in mirror neurons », *Science*, 297, p. 846-848.

KOSKI, L., WOHLSCHLÄGER, A., BEKKERING, H., WOODS, R. P., DUBEAU, M. C. (2002), « Modulation of motor and premotor activity during imitation of target-directed actions », *Cerebral Cortex*, 12, p. 847-855.

KOSKI, L., IACOBONI, M., DUBEAU, M. C., WOODS, R. P., MAZZIOTTA, J. C. (2003), « Modulation of cortical activity during different imitative behaviors », *Journal of Neurophysiology*, 89, p. 460-471.

KRAMS, M., RUSHWORTH, M. F., DEIBER, M. P., FRACKOWIAK, R. S., PASSINGHAM, R. E. (1998), « The preparation, execution and suppression of copied movements in the human brain », *Experimental Brain Research*, 120, p. 386-398.

KROLAK-SALMON, P., HENAFF, M. A., ISNARD, J., TALLON-BAUDRY, C., GUENOT, M., VIGHETTO, A., BERTRAND, O., MAUGUIERE, F. (2003), « An attention modulated response to disgust in human ventral anterior insula », *Annals of Neurology*, 53, p. 446-453.

LACQUANITI, F., GUIGON, E., BIANCHI, L., FERRAINA, S., CAMINITI, R. (1995), « Representing spatial information for limb movement : role of area 5 in the monkey », *Cerebral Cortex*, 5, p. 391-409.

LÀDAVAS, E., DI PELLEGRINO, G., FARNÉ, A., ZELONI, G. (1998a), « Neuropsychological evidence of an integrated visuotactile representation of peripersonal space in humans », *Journal of Cognitive Neuroscience*, 10, p. 581-589.

LÀDAVAS, E., ZELONI, G., FARNÉ, A. (1998b), « Visual peripersonal space centred on the face in humans », *Brain*, 121, p. 2317-2326.

LEINONEN, L., HIVÄRINEN, J., NYMAN, G., LINNANKOSKI, I. (1979), « I. Function properties of neurons in lateral part of associative area 7 in awake monkeys », *Experimental Brain Research*, 34, p. 299-320.

LEINONEN, L., NYMAN, G. (1979), « II. Functional properties of cells in antero-lateral part of area 7 associative face area of awake monkeys », *Experimental Brain Research*, 34, p. 321-333.

LIBERMAN, A.M. (1993), « Some assumptions about speech and how they changed », in *Haskins Laboratories Status Report on Speech Research*, 113, p. 1-32.

LIBERMAN, A. M., WHALEN, D. H. (2000), « On the relation of speech to language », *Trends in Cognitive Neuroscience*, 4, p. 187-196.

LIEBERMAN, P. (1975), *L'Origine delle parole*, tr. it. Boringhieri, Turin, 1980.

LIVET, P. (1997), « Modèles de la motricité et théorie de l'action », in PETIT, J.-L. (sld.), *Les Neurosciences et la Philosophie de l'action*, Paris, Vrin, p. 341-361.

LOTZE, H. (1852), *Medicinische Psychologie oder Physiologie der Seele*, Leipzig, Weidmannsche Buchandlung.

LUPPINO, G., MATELLI, M., CAMARDA, R., GALLESE, V., RIZZOLATTI, G. (1991), « Multiple representations of body movements in mesial area 6 and the adjacent cingulate cortex : an intercortical microstimulation study », *The Journal of Comparative Neurology*, 311, p. 463-482.

LUPPINO, G., MATELLI, M., CAMARDA, R., RIZZOLATTI, G. (1993), « Corticocortical connections of area F3 (SMA-Proper) and area F6 (Pre-SMA) in the macaque monkey », *The Journal of Comparative Neurology*, 338, p. 114-140.

LUPPINO, G., MURATA, A., GOVONI, P., MATELLI, M. (1999), « Largely segregated parietofrontal connections linking rostral intraparietal cortex (areas AIP and VIP) and the ventral premotor cortex (areas F5 and F4) », *Experimental Brain Research*, 128, p. 181-187.

LUPPINO, G., RIZZOLATTI, G. (2000), « The organization of the frontal motor cortex », *News Physiological Science*, 15, p. 219-224.

LURIJA, A. R. (1973), *Come lavora il cervello, introduzione alla neuropsicologia*, tr. it., Il Mulino, Bologne, 1990.

MACH, E. (1905), *La Connaissance et l'Erreur*, tr. fr., E. Flammarion, Paris, 1908.

MACNEILAGE, P. F. (1998), « The frame/content theory of evolution of speech production », *Behavioral and Brain Sciences*, 21, p. 499-511.

MAEDA, F., KLEINER-FISMAN, G., PASCUAL-LEONE, A. (2002), « Motor facilitation while observing hand actions : specificity of the effect and role of observer's orientation », *Journal of Neurophysiology*, 87, p. 1329-1335.

MAESTRIPIERI, D. (1996), « Gestural communication and its cognitive implications in pigtail macaques (*Macaca nemestrina*) », *Behaviour*, 133, p. 997-1022.

MARSHALL, J. F., HALLIGAN, P.W. (1988), « Blindsight and insight in visuo-spatial neglect », *Nature*, 311, p. 445-462.

MARTIN, A. WIGGS, C. L., UNGERLEIDER, L. G. HAXBY, J. V. (1996), « Neural correlates of category-specific knowledge », *Nature*, 379, p. 649-652.

MASSARO, D. W. (1990), « An information-processing analysis of perception and action », in NEUMANN, O., PRINZ, W. (sld.), *Relationship between Perception and Action : Current Approaches.* Springer, Berlin, p. 133-166.

MATELLI, M., LUPPINO, G., RIZZOLATTI, G. (1985), « Patterns of cytochrome oxydase activity in the frontal agranular cortex of the macaque monkey », *Behavioural Brain Research*, 18, p. 125-136.

MATELLI, M., CAMARDA, R., GLICKSTEIN, M., RIZZOLATTI, G. (1986), « Afferent and efferent projections of the inferior area 6 in the macaque monkey », *The Journal of Comparative Neurology*, 251, p. 291-298.

MATELLI, M., LUPPINO, G., RIZZOLATTI, G. (1991), « Architecture of superior and mesial area 6 and of the adjacent cingulate cortex », *The Journal of Comparative Neurology*, 311, p. 445-462.

MATELLI, M., LUPPINO, G. (1998), « Functional anatomy of human motor cortical areas », in BOLLER, F., GRAFMAN, J. (sld.), *Handbook of Neurophysiology*, Amsterdam, Elsevier Science, vol. 11, p. 9-26.

MATSUMARA, M., KUBOTA, K. (1979), « Cortical projection of handarm motor area from postarcuate area in macaque monkey : a histological study of retrograde transport of horseradish peroxidase », *Neuroscience Letters*, 11, p. 241-246.

MEAD, G. H. (1907), « Concerning animal perception », *Psychological Review*, 14, p. 383-390.

MEAD, G. H. (1910), « Social consciousness and the consciousness of meaning », *The Psychological Bulletin*, vol. 7, n° 2, déc. 1910, p. 397-405.

MEAD, G. H. (1938), *The Philosophy of the Act*, Chicago, Chicago University Press.

MEISTER, I. G., BOROOJERDI, B., FOLTYS, H., SPARING, R., HUBER, W., TOPPER, R. (2003), « Motor cortex hand area and speech : implications for the development of language », *Neurophysiologia*, 41, p. 401-406.

MELTZOFF, A. N. (2002), « Elements of a developmental theory of imitation », in PRINZ, W., MELTZOFF, A. N. (sld.), *The Imitative Mind : Development, Evolution and Brain Bases*, Cambridge, Cambridge University Press, p. 19-41.

MELTZOFF, A. N., MOORE, M. K. (1977), « Imitation of facial and manual gestures by human neonates », *Science*, 198, p. 75-78.

MELTZOFF, A. N., MOORE, M. K. (1997), « Explaining facial imitation : a theoretical model », *Early Development and Parenting*, 6, p. 179-192.

MERLEAU-PONTY, M. (1945), *La Phénoménologie de la perception*, Paris, Gallimard.

MESULAM, M. M., MUFSON, E. J. (1982a), « Insula of the old world monkey. I. Architectonics in the insulo-orbito-temporal component of the paralimbic brain », *The Journal of Comparative Neurology*, 212, p. 1-22.

MESULAM, M. M., MUFSON, E. J. (1982b), « Insula of the old world monkey. III. Efferent cortical output and comments on function », *The Journal of Comparative Neurology*, 212, p. 38-52.

MILNER, A. D. (1987), « Animal model for the syndrome of spatial neglect », in JEANNEROD, M. (sld.), *Neurophysiological and Neuropsychological Aspects of Spatial Neglect*, Amsterdam, North-Holland, p. 295-288.

MILNER, A. D., GOODALE, M. A. (1995), *The Visual Brain in Action*, Oxford, Oxford University Press.

MOUNTCASTLE, V. B., LYNCH, J. C., GEORGOPULOS, A., SAKATA, H., ACUNA, C. (1975), « Posterior parietal association cortex of the monkey : command functions for operations within extrapersonal space », *Journal of Neurophysiology*, 38, p. 871-908.

MOUNTCASTLE, V. B. (1995), « The parietal system and some higher brain functions », *Cerebral Cortex*, 5, p. 377-390.

MUAKKASSA, K. F., STRICK, P. L. (1979), « Frontal lobe inputs to primate motor cortex : evidence for four somatotopically organized "premotor" areas », *Brain Research*, 177, p. 176-182.

MUFSON, E. J., MESULAM, M. M. (1982), « Insula of the old world monkey. II. Afferent cortical output and comments on the claustrum », *The Journal of Comparative Neurology*, 212, p. 23-37.

Murata, A., Gallese, V., Kaseda, M., Sakata, H. (1996), « Parietal neurons related to memory-guided hand manipulation », *Journal of Neurophysiology*, 75, p. 2180-2185.

Murata, A., Fadiga, L., Fogassi, L., Gallese, V., Raos, V., Rizzolatti, G. (1997), « Object representation in the ventral premotor cortex (area F 5) of the monkey », *Journal of Neurophysiology*, 78, p. 2226-2230.

Murata, A., Gallese, V., Luppino, G., Kaseda, M., Sakata, H. (2000), « Selectivity for the shape, size and orientation of objects for grasping in neurons of monkey parietal area AIP », *Journal of Neurophysiology*, 79, p. 2580-2601.

Nelissen, K., Luppino G., Vanduffel, W., Rizzolatti, G., Orban, G. A. (2005), « Observing others : multiple action representation in the frontal lobe », *Science*, 14, 310, p. 332-336.

Nishitani, N., Hari, R. (2000), « Temporal dynamics of cortical representation for action », *Proceedings of National Academy of Sciences*, 97, p. 913-918.

Nishitani, N., Hari, R. (2002), « Viewing lip forms : cortical dynamics », *Neuron*, 36, p. 1211-1220.

Paget, R. (1930), *Human Speech*, Londres, Keegan Paul.

Pandya, D. N., Seltzer, B. (1982), « Intrinsic connections and architectonics of posterior parietal cortex in rhesus monkey », *The Journal of Comparative Neurology*, 204, p. 196-210.

Passingham, R. E. (1993), *The Frontal Lobe and Voluntary Action*, Oxford, Oxford University Press.

Passingham, R. E., Toni, I., Rushworth, M. F. S. (2000), « Specialisation within the prefrontal cortex : the ventral prefrontal cortex and associative learning », *Experimental Brain Research*, 133, p. 103-113.

Penfield, W., Rasmussen, T. (1950), *The Cerebral Cortex of Man. A Clinical Study of Localization of Function*, New York, Macmillan.

Penfield, W., Faulk, M. E. (1955), « The insula : further observations on its function », *Brain*, 78, p. 445-470.

Perani, D., Cappa, S. F., Bettinardi, V. (1995), « Different neural systems for the recognition of animals and man-made tools », *Neuroreport*, 6, p. 1637-1641.

Perrett, D. I., Rolls, E. T., Caan, W. (1982), « Visual neurons responsive to faces in the monkey temporal cortex », *Experimental Brain Research*, 47, p. 329-342.

Perrett, D. I., Smith, P. A. J., Potter, D. D., Mistling, A. J., Head, A. S., Milner, A. D., Jeves, M. A. (1 984), « Neurons responsive to faces in the temporal cortex : studies of functional organization, sensitivity to identity and relation to perception », *Human Neurobiology*, 3, p. 197-208.

Perrett, D. I., Smith, P. A. J., Potter, D. D., Mistling, A. J., Head, A. S., Milner, A. D., Jeves, M. A. (1985), « Visual cells in the temporal cortex sensitive to face view and gaze direction », *Proceedings of Royal Society of London Series B Biological Sciences*, 223, p. 293-317.

PERRETT, D. I., HARRIES, M. H., BEVAN, R., THOMAS, S., BENSON, P. J., MISTLIN, A. J., CHITTY, A. J., HIETANEN, J. K., ORTEGA, J. E. (1989), « Frameworks of analysis for the neural representation of animate objects and actions », *Journal of Experimental Biology*, 146, p. 87-113.

PERRETT, D. I., MISTLIN, A. J., HARRIES, M. H., CHITTY, A. J. (1990), « Understanding the visual appearance and consequence of hand actions », in GOODALE, M. A. (sld.), *Vision and Action : The Control of Grasping*, Norwood, Ablex, p. 163-180.

PETIT, J.-L. (1999), « Constitution by movement : Husserl in light of recent neurobiological findings », in PETITOT, J., VARELA, F. J., PACHOUD, B., ROY, J.-M. (sld.), *Naturalizing Phenomenology : Issues in Contemporary Phenomenology and Cognitive Science*, Stanford, Stanford University Press, p. 220-244.

PETRIDES, M., PANDYA, D. N. (1 984), « Projections to the frontal cortex from the posterior parietal region in the rhesus monkey », *The Journal of Comparative Neurology*, 228, p. 105-116.

PETRIDES, M., PANDYA, D. N. (1997), « Comparative architectonic analysis of the human and the macaque frontal cortex », in BOLLER, F., GRAFMAN, J. (sld.), *Handbook of Neuropsychology*, Amsterdam, Elsevier, vol. 9, p. 17-58.

PHILLIPS, M. L., YOUNG, A. W., SENIOR, C., BRAMMER, M., ANDREW, C., CALDER, A. J., BULLMORE, E. T., PERRETT, D. I., ROWLAND, D., WILLIAM, S. C., *et al.* (1997), « A specific neural substrate for perceiving facial expressions of disgust », *Nature*, 389, p. 495-498.

PHILLIPS, M. L., YOUNG, A. W., SCOTT, S. K., CALDER, A. J., ANDREW, C., GIAMPIETRO, V., WILLIAM, S. C., BULLMORE, E. T., BRAMMER, M., GRAY, J. A. (1998), « Neural responses to facial and vocal expressions of fear and disgust », *Proceedings of Royal Society of London Series B Biological Sciences*, 265, p. 1089-1817.

PIAGET, J. (1936), *Naissance de l'intelligence chez l'enfant*, réed., Neuchâtel, Delachaux et Niestlé, 1977.

PINKER, S. (1994), *L'Instinct du langage*, tr. fr., Paris, Odile Jacob, 1997.

POINCARÉ, H. (1902), *La Science et l'Hypothèse*, Paris, Flammarion, 1989.

POINCARÉ, H. (1908), *Science et méthode*, Paris, Kimé, 2000.

POINCARÉ, H. (1913), *Dernières pensées*, Paris, Flammarion, 1917.

PORTER, R., LEMON, R. (1993), *Corticospinal Function and Voluntary Movement*, Oxford, Clarendon Press.

PRINZ, W. (1987), « Ideomotor action », in HEUER, H., SANDERS, A. F. (sld.), *Perspectives on Perception and Action*, Hillsdale (NJ), Erlbaum, p. 47-76.

PRINZ, W. (1990), « A common-coding approach to perception and action », in NEUMANN, O., PRINZ, W. (sld.), *Relationship between Perception and Action : Current Approaches*, Berlin, Springer, p. 167-203.

PRINZ, W. (2002), « Experimental approaches to imitation », in PRINZ, W., MELTZOFF, A. N. (sld.), *The Imitative Mind : Development, Evolution and Brain Bases*, Cambridge, Cambridge University Press, p. 143-162.

RIZZOLATTI, G. (2005), « The mirror neuron system and imitation », in HURLEY, S., CHATER, N. (sld.), *Perspectives on Imitation. From Neuroscience to Social Science*, Cambridge (MA), MIT Press, vol. 1, p. 55-76.

RIZZOLATTI, G., SCANDOLARA, C., GENTILUCCI, M., MATELLI, M. (1981a), « Afferent properties of periarcuate neurons in macaque monkeys. I. Somatosensory responsens », *Experimental Brain Research*, 2, p. 125-146.

RIZZOLATTI, G., SCANDOLARA, C., MATELLI, M., GENTILUCCI, M. (1981b), « Afferent properties of periarcuate neurons in macaque monkeys. II. Visual responsens », *Experimental Brain Research*, 2, p. 147-163.

RIZZOLATTI, G., MATELLI, M., PAVESI, G. (1983), « Deficits in attention and movement following the removal of postarcuate (area 6) and prearcuate (area 8) cortex in macaque monkeys », *Brain*, 206, p. 655-673.

RIZZOLATTI, G., GENTILUCCI, M., FOGASSI, L., LUPPINO, G., MATELLI, M., PONZONI MAGGI S. (1987), « Neurons related to goal-directed motor acts in inferior area 6 of the macaque monkey », *Experimental Brain Research*, 67, p. 220-224.

RIZZOLATTI, G., GALLESE, V. (1988), « Mechanisms and theories of spatial neglect », in BOLLETT, F., GRAFMAN, J. (sld.), *Handbook of Neuropsychology*, Amsterdam, Elsevier, vol. 1, p. 223-246.

RIZZOLATTI, G., GENTILUCCI, M. (1988), « Motor and visual-motor functions of the premotor cortex », in RAKIC, P., SINGER, W. (sld.), *Neurobiology of Neocortex*, John Wiley & Sons, Chichester, p. 269-284.

RIZZOLATTI, G., CAMARDA, R., FOGASSI, L., GENTILUCCI, M., LUPPINO, G., MATELLI, M. (1988), « Functional organization of area 6 in the macaque monkey. II. Area F5 and the control of distal movements », *Experimental Brain Research*, 71, p. 491-507.

RIZZOLATTI, G., RIGGIO, L., SHELIGA, B. M. (1994), « Space and selective attention », in UMILTÀ, C., MOSCHOVITCH, M. (sld.), *Attention and Performance XV*, Cambridge (MA), MIT Press, p. 231-265.

RIZZOLATTI, G., FADIGA, L., GALLESE, V., FOGASSI, L. (1996a), « Premotor cortex and the recognition of motor actions », *Cognitive Brain Research*, 3, p. 131-141.

RIZZOLATTI, G., FOGASSI, L., MATELLI, M., BETTINARDI, V., PAULESU, E., PERANI, D., FAZIO, F. (1996b), « Localization of grasp representations in humans by PET : 1. Observation versus execution », *Experimental Brain Research*, 111, p. 246-252.

RIZZOLATTI, G., GALLESE, V. (1997), « From action to meaning : a neurophysiological perspective », PETIT, J.-L. (sld.), *Les Neurosciences et la Philosophie de l'action*, Paris, Vrin, p. 217-229.

RIZZOLATTI, G., FADIGA, L., FOGASSI, L., GALLESE, V. (1997), « The space around us », *Science*, 277, p. 190-191.

RIZZOLATTI, G., ARBIB, M.A. (1998), « Language within our grasp », *Trends in Neuroscience*, 21, p. 188-194.

RIZZOLATTI, G., FADIGA, L. (1998), « Grasping objects and grasping action meanings : the dual role of monkey rostroventral premotor cortex (area F5) », in BOCK, G. R., CODE, J. A. (sld.), *Sensory Guidance of Movement*, Novartis Foundation Symposium 218, Chichester, John Wiley & Sons, p. 269-284.

RIZZOLATTI, G., LUPPINO, G., MATELLI, M. (1998), « The organization of the cortical motor system : new concepts », *Electroencephalography and Clinical Neurophysiology*, 106, p. 283-296.

RIZZOLATTI, G., FOGASSI, L., GALLESE, V. (1999a), « Cortical mechanisms subserving object grasping and action recognition : a new view on the cortical motor functions », in GAZZANIGA, M. S. (sld.), *The Cognitive Neurosciences*, 2ᵉ éd., Cambridge (MA), MIT Press, p. 539-552.

RIZZOLATTI, G., FADIGA, L., FOGASSI, L., GALLESE, V. (1999b), « Resonance behaviors and mirror neurons », *Archives italiennes de biologie*, 137, p. 83-99.

RIZZOLATTI, G., BERTI, A., GALLESE, V. (2000), « Spatial neglect : neurophysiological bases, cortical circuits and theories », in BOLLER, F., GRAFMAN, J. (sld.), *Handbook of Neurophysiology*, 2ᵉ éd., Amsterdam, Elsevier, p. 503-537.

RIZZOLATTI, G., LUPPINO, G. (2001), « The cortical motor system », *Neuron*, 31, p. 889-901.

RIZZOLATTI, G., FOGASSI, L., GALLESE, V. (2001), « Neurophysiological mechanisms underlying the understanding and imitation of action », *Nature Reviews Neuroscience*, 2, p. 661-670.

RIZZOLATTI, G., FOGASSI, L., GALLESE, V. (2002a), « Motor and cognitive functions of the ventral premotor cortex », *Current Opinion in Neurobiology*, 12, p. 149-154.

RIZZOLATTI, G., FADIGA, L., FOGASSI, L., GALLESE, V. (2002b), « From mirror neurons to imitation : facts and speculations », in MELTZOFF, A. N., PRINZ, W. (sld.), *The Imitative Mind. Development, Evolution, and Brain Bases*, Cambridge, Cambridge University Press, p. 247-266.

RIZZOLATTI, G., MATELLI, M. (2003), « Two different streams form the dorsal visual stream : anatomy and functions », *Experimental Brain Research*, 153, p. 146-157.

RIZZOLATTI, G., CRAIGHERO, L. (2004), « The mirror neuron system », *Annual Reviews of Neuroscience*, 27, p. 169-192.

RIZZOLATTI, G., BUCCINO, G. (2005), « The mirror neuron system and its role in imitation and language », in DEHAENE, S., DUHAMEL, J.-R., HAUSER, M.D., RIZZOLATTI, G. (sld.), *From Monkey Brain to Human Brain. A Fyssen Foundation Symposium*, Cambridge (MA), MIT Press, p. 213-233.

ROWE, J. B., TONI, I., JOSEPHS, O., FRACKOWIACK, R. S., PASSINGHAM, R. E. (2000), « The prefrontal cortex : response selection or maintenance within working memory », *Science*, 288, p. 1656-1660.

ROYET, J. P., ZALD, D., VERSACE, R., COSTES, N., LAVENNE, F., KOENIG, O., GERVAIS, R. (2000), « Emotional responses to pleasant and unpleasant olfactory, visual and auditory stimuli : a positron emission tomography study », *Journal of Neuroscience*, 20, p. 7752-7759.

ROYET, J. P., HUDRY, J., ZALD, D. H., GODINOT, D., GREGOIRE, M. C., LAVENNE, F., COSTES, N., HOLLEY, A. (2001), « Functional neuroanatomy of different olfactory judgements », *Neuroimage*, 13, p. 506-519.

Royet, J. P., Plailly, J., Delon-Martin, C., Kareken, D. A., Segebarth, C. (2003), « fMRI of emotional responses to odors : influence of hedonic valence and judgement, handedness, and gender », *Neuroimage*, 20, p. 713-728.

Rozin, R., Haidt, J., Mccauley, C. R. (2000), « Disgust », in Lewis, M., Haviland-Jones, J. M. (sld.), *Handbook of Emotions*, 2ᵉ éd., New York, Guilford Press, p. 637-653.

Sakata, H., Taira, M., Murata, A., Mine, S. (1995), « Neural mechanisms of visual guidance of hand action in the parietal cortex of the monkey », *Cerebral Cortex*, 5, p. 429-438.

Schieber, M. H., Poliakov, A. V. (1998), « Partial activation of the primary motor cortex hand area : effects of individuated movements », *Journal of Neuroscience*, 18, p. 9038-9054.

Schienle, A., Stark, R., Walker, B., Blecker, C., Ott, U., Kirsch, P., Sammer, G., Vaiti, D. (2002), « The insula is not specifically involved in disgust processing : an fMRI study », *Neuroreport*, 13, p. 2023-2036.

Schneider, E. G. (1969), « Two visual systems », *Science*, 163, p. 895-902.

Scott, T. R., Plata-Salaman, C. R., Smith, V. L., Giza, B. K. (1991), « Gustatory neural coding in the monkey cortex : stimulus intensity », *Journal of Neurophysiology*, 65, p. 76-86.

Seltzer, B., Pandya, Y. (1994), « Parietal temporal and occipital projections to cortex of the superior temporal sulcus in the rhesus monkey : a retrograde trace study », *The Journal of Comparative Neurology*, 243, p. 445-463.

Seyal, M., Mull, B., Bhullar, N., Ahmad, T., Gage, B. (1999), « Anticipation and execution of a simple reading task enhance corticospinal excitability », *Nature Reviews Neuroscience*, 2, p. 661-670.

Shikata, E., Tanaka, Y., Nakamura, H., Taira, M., Sakata, H. (1996), « Selectivity of the parietal visual neurons in 3D orientation of surface of stereoscopic stimuli », in *Neuroreport*, 7, p. 2389-2394.

Showers, M. J. C., Lauer, E. W. (1961), « Somatovisceral motor patterns in the insula », *The Journal of Comparative Neurology*, 117, p. 107-115.

Singer, T., Seymur, B., O'Doherty, J., Kaube, H., Dolan, R. J., Frith, C. D. (2004), « Empathy for pain involves the affective but not the sensory components of pain », *Science*, 303, p. 1157-1162.

Small, D. M., Gregory, M. D., Mak, Y. E., Gitelman, D., Mesulam, M. M., Parrish, T. (2003), « Dissociation of neural representation of intensity and affective valuation in human gustation », *Neuron*, 39, p. 701-711.

Sperry, R. W. (1952), « Neurology and the mind-brain problem », *American Scientist*, 40, p. 291-312.

Sprengelmeyer, R., Rausch, M., Eysel, U. T., Przuntek, H. (1998), « Neural structures associated with recognition of facial expressions of basic emotions », *Proceedings of Royal Society of London Series B Biological Sciences*, 265, p. 1927-1931.

STEIN, J. F. (1992), « The representation of egocentric space in the posterior parietal cortex », *Behavorial and Brain Sciences*, 15, p. 691-700.

STERN, D. N. (1985), *Il mondo interpersonale del bambino*, tr. it., Turin, Bollati Boringhieri, 1987.

SWADESH, M. (1972), *The Origin and Diversification of Language*, London, Routledge & Kegan Paul.

TAIRA, M., MINE, S., GEORGOPULOS, A. P., MURATA, A., SAKATA, H. (1990), « Parietal cortex neurons of the monkey related to the visual guidance of hand movement », *Experimental Brain Research*, 83, p. 29-36.

TANIJ, J. (1994), « The supplementary motor area in the cerebral cortex », *Neuroscience Research*, 19, p. 251-268.

TANNÉ, J., BOUSSAOUD, D., BOYERZELLER, N., ROUILLER, E. M. (1995), « Direct visual pathways for reaching movements in the macaque monkeys », *Neuroreport*, 7, p. 267-272.

TANNER, J. E., BYRNE, R. W. (1996), « Representation of action through iconic gesture in a captive lowland gorilla », *Current Antropology*, 37, p. 162-173.

TOBIAS, P. V. (1987), « The brain of *Homo habilis* : a new level of organization in cerebral evolution », *Journal of Human Evolution*, 16, p. 741-761.

TOKIMURA, H., TOKIMURA, Y., OLIVIERO, A., ASAKURA, T., Rothwell, J. C. (1996), « Speech-induced changes in corticospinal excitability », *Annual of Neurology*, 40, p. 628-634.

TOMASELLO, M., CALL, J. (1997), *Primate Cognition*, Oxford, Oxford University Press.

TOMASELLO, M., CALL, J., WARREN, J., FROST, G. T., CARPENTER, M., NAGEL, K. (1997), « The ontogeny of chimapanzee gestural signals : a comparison across groups and generations », *Evolution of Communication*, 1, p. 223-259.

TREVARTHEN, C. B. (1968), « Two mechanisms of vision in primate », *Psychologische Forschung*, 31, p. 299-337.

UMILTÀ, M. A., KOHLER, E., GALLESE, V., FOGASSI, L., FADIGA, L., KEYSERS, C., RIZZOLATTI, G. (2001), « I know what you are doing : a neurophysiological study », *Neuron*, 32, p. 91-101.

UNGERLEIDER, L., MISHKIN, M. (1982), « Two cortical visual systems », in INGLE, D. J., GOODALE, M. A., MANSFIELD, R. J. W. (sld.), *Analysis of Visual Behavior*, Cambridge (MA), MIT Press, p. 549-586.

VANHOOF, J. A. R. A. M. (1962), « Facial expressions in higher primate », *Symposium of the Zoological Society of London*, p. 97-125.

VANHOOF, J. A. R. A. M. (1967), « The facial displays of the catarrhine monkeys and apes », in MORRIS, D. (sld.), *Primate Ethology*, Londres, Weidenfield & Nicholson, p. 7-68.

VISALBERGHI, E., FRAGASZY, D. (1990), « Do monkeys ape ? », in PARKER, S. T., GIBSON K. R. (sld.), *« Language » and Intelligence in Monkeys and Apes*, Cambridge, Cambridge University Press, p. 247-273.

VISALBERGHI, E., FRAGASZY, D. (2002), « Do monkeys ape ? Ten years after », in DAUTENHAHN, K., NEHANIV, C. (sld.), *Imitation in Animals and Artifacts*, Boston (MA), MIT Press, p. 471-499.

VUILLEMIEUR, P., VALENZA, N., MAYER, E., REVERDIN, A., LANDIS, T. (1998), « Near and far space in unilateral neglect », *Annals of Neurology*, 43, p. 406-410.

VYGOTSKIJ, L. S. (1934), *Thought and Language*, Cambridge (MA), MIT Press.

WATKINS, K. E., STRAFELLA, A. P., PAUS, T. (2003), « Seeing and hearing speech excites the motor system involved in speech production », *Neurophysiologia*, 41, p. 989-994.

WEINRICH, M., WISE, S. P. (1982), « The premotor cortex of the monkey », *Journal of Neuroscience*, 2, p. 1329-1345.

WELFORD, A. T. (1968), *Fundamentals of Skill*, Londres, Methuen.

WICKER, B., KEYSERS, C., PLAILLY, J., ROVET, J. P., GALLESE, V., RIZZOLATTI, G. (2003), « Both of us disgusted in my insula : the common neural basis of seeing and feeling disgust », *Neuron*, 40, p. 655-664.

WISE, S. P., BOUSSAOUD, D., JOHNSON, P. B., CAMINITI, R. (1997), « Premotor and parietal cortex : corticocortical connectivity and combinatorial computations », *Annual Reviews of Neuroscience*, 20, p. 25-42.

WOHLSCHLÄGER, A., GATTIS, M., BEKKERING, H. (2003), « Action generation and action perception in imitation : an instance of ideomotor principle », *Philosophical Transactions of Royal Society of London Series B Biological Sciences*, 358, p. 501-515.

WOOLSEY, C. N. (1958), « Organization of somatic sensory and motor areas of the cerebral cortex », in HARLOW, H. F., WOOLSEY, C. N. (sld.), *Biological and Biochemical Bases of Behavior*, Madison, University of Wisconsin Press, p. 63-81.

WOOLSEY, C. N., SETTLAGE, P. H., MEYER, D. R., SENCER, W., PINTO HAMUY, T., TRAVIS, A. M. (1952), « Patterns of localization in precentral and "supplementary" motor areas and their relation to the concept of a premotor area », *Res. Publ. Assoc. Nerv. Ment. Dis*, 30, p. 238-264.

WUNDT, W. (1896), *Elementi di psicologia*, tr. it., Piacenza, Società Editrice Pontremolese, 1910.

YAXLEY, S., ROLLS, E. T., SIENKIEWICZ, Z. J. (1990), « Gustatory responses of single neurons in the insula of macaque monkey », *Journal of Neurophysiology*, 63, p. 689-700.

YOKOCHI, H., TANAKA, M., KUMASHIRO, M., IRIKI, A. (2003), « Inferior parietal somatosensory neurons coding face-hand coordination in Japanese macaques », *Somatosensory & Motor Research*, 20, p. 115-125.

ZAHN-WAXLER, C., RADKE-YARROW, M., WAGNER, E., CHAPMAN, M. (1992), « Development of concern of others », *Developmental Psychology*, 28, p. 126-136.

ZALD, D.H. (2003), « The human amygdala and the emotional evaluation of sensory stimuli », *Brain Research Review*, 41, p. 88-123.

ZALD, D. H., PARDO, J. V. (1997), « Emotion, olfaction, and the human amygdala : amgydala activation during aversive olfactory stimulation », *Proceedings of National Academy of Sciences of USA*, 94, p. 4119-4124.

ZALD, D. H., DONNDELINGER, M. J., PARDO, J. V. (1998a), « Elucidating dynamic brain interactions with across-subjects correlational analyses of positron emission tomographic data : the functional connectivity of the amygdala and orbitofrontal cortex during olfactory tasks », *Journal of Cerebral Blood Flow Metabolism*, 18, p. 896-905.

ZALD, D. H., LEE, J. T., FLUEGEL, K. W., PARDO, J. V. (1998b), « Aversive gustatory stimulation activates limbic circuits in humans », *Brain*, 121, p. 1143-1154.

ZALD, D. H., PARDO, J. V. (2000), « Functional neuroimaging of the olfactory system in humans », *International Journal of Psyhophysiology*, 36, p. 165-181.

ZIPSER, D., ANDERSEN, R. A. (1988), « A back propagation programmed network that simulates response properties of a subset of posterior parietal neurons », *Nature*, 331, p. 679-684.

INDEX

REMERCIEMENTS

Nous désirons avant tout remercier Giulio Giorello pour avoir parié sur le projet d'un livre comme celui-ci. Sans son soutien nous aurions pu difficilement le mener à terme.

La plupart des travaux et des résultats décrits dans cet ouvrage sont le fruit de plusieurs années de recherche à l'Université de Parme. De nombreux amis et collègues y ont participé de façon décisive. Massimo Matelli, Maurizo Gentilucci et Giuseppe Luppino ont beaucoup contribué à la définition de la multiplicité des aires motrices corticales et à l'étude de leurs fonctions. Luciano Fadiga, Leonardo Fogassi et Vittorio Gallese ont participé dès le début à la découverte des propriétés surprenantes des neurones miroirs. Michael Arbib, Marc Jeannerod et Hideo Sakata ont joué un rôle clé dans l'élaboration du cadre théorique présenté ici. Scott Grafton, Marco Iacoboni, Giovanni Buccino et l'équipe d'imagerie cérébrale de Milan, dirigée par Ferruccio Fazio, nous ont permis de réaliser de nombreuses expériences de PET et de résonance magnétique fonctionnelle. Laila Graighero, Pier Francesco Ferrari, Christian Keysers et Maria Alessandra Umiltà ont fait un travail expérimental particulièrement important. À eux tous, et à tous ceux qui ont fait partie et qui continuent à faire partie de l'équipe de Parme nous adressons nos plus vifs remerciements.

Nous sommes reconnaissants également à Claudio Bartocci, Giorgio Bertolotti, Antonino Cilluffo, Gabriella Morandi, Stefano Moriggi qui ont eu la gentillesse de lire certains passages de ce manuscrit, en nous faisant part de leurs conseils et de leurs suggestions. Domenico Mallamo nous a aidés à repérer le matériau iconographique.

Tous nos remerciements enfin à Mariella Agostinelli, pour la passion et la compétence avec lesquelles elle a suivi toutes les phases de notre travail et à Raffaelle Voi et Giorgio Catalano pour leur précieux et patient travail éditorial.

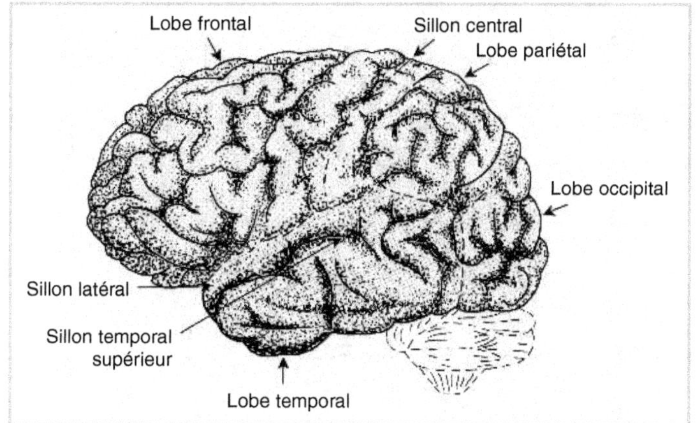

Représentation latérale du cortex d'un homme montrant les lobes cérébraux et quelques-unes de ses principales scissures. Le lobe occipital et la partie du lobe temporal placée au-dessous du sillon temporal (lobe temporal inférieur) ont des fonctions visuelles. Les aires acoustiques primaires sont cachées dans le sillon latéral (ou scissure de Sylvius). Le gyrus temporal supérieur (autrement dit, le cortex situé au-dessus du sillon temporal supérieur) a également des fonctions principalement acoustiques. Les aires cachées dans le sillon temporal supérieur sont en partie des aires visuelles d'ordre supérieur, en partie des aires polymodales (convergence de modalités visuelles, acoustiques et somatiques). Les portions antérieures du lobe pariétal contiennent les aires de la sensibilité somatique, tandis que la portion postérieure du lobe pariétal a des fonctions traditionnellement classées comme associatives. La partie postérieure du lobe frontal contient les aires motrices. La partie antérieure de ce lobe (lobe préfrontal) a des fonctions cognitives.

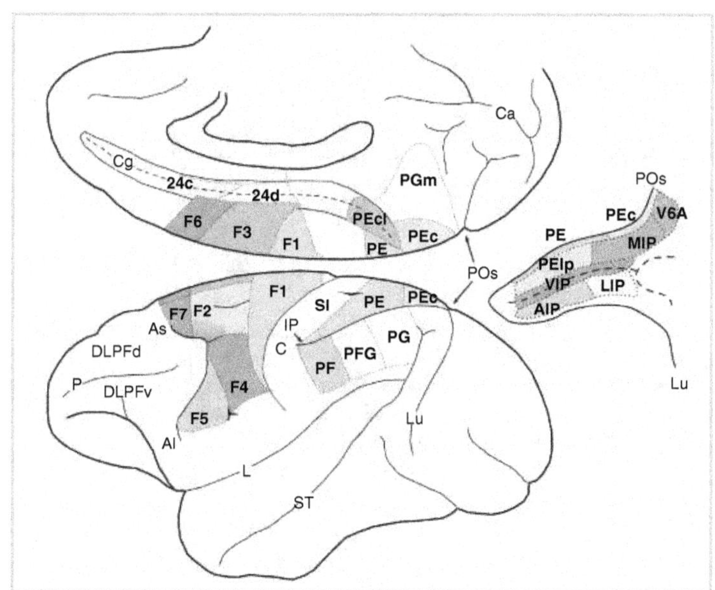

Représentation mésiale et latérale du cerveau du singe qui révèle la parcellisation anatomo-fonctionnelle du cortex moteur et du cortex pariétal postérieur. Les aires du cortex pariétal postérieur sont indiquées par la lettre P suivie par une (ou plusieurs) lettres, selon la convention de von Economo, modifiée par Pandya, Seltzer, en 1982. À droite sont indiquées les aires cachées à l'intérieur du sillon intrapariétal (IP) : AIP aire intrapariétale antérieure, LIP aire intrapariétale latérale, MIP aire intrapariétale médiale, PEIp aire PE intrapariétale, VIP aire intrapariétale ventrale. Autres abréviations : Cg sillon cingulaire, DLPFd (B), cortex préfrontal dorso-latéral dorsal, DLPFV cortex préfrontral dorso-latéral ventral, SI cortex somato-sensoriel primaire, Pos sillon pariéto-occipital. Pour les autres abréviations voir figure 1.4 (Luppino, Rizzolatti, 2000).

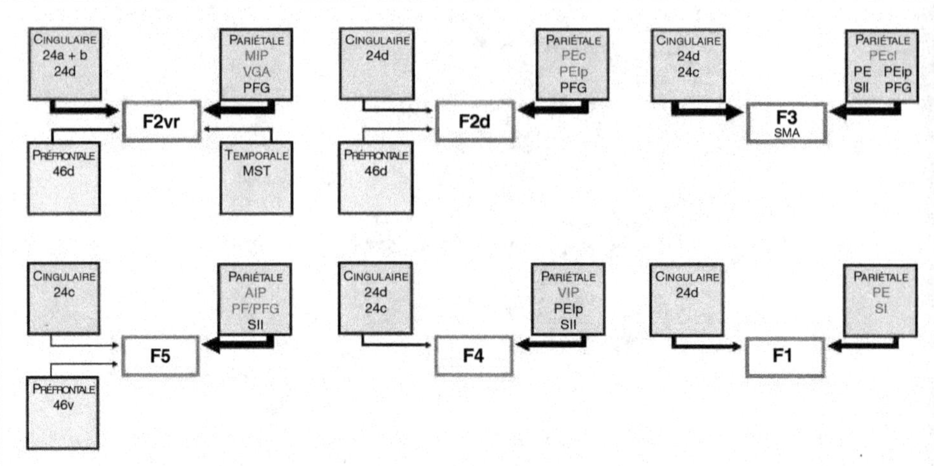

Diagramme qui représente sous une forme schématique les connexions extrinsèques des aires motric postérieures. L'épaisseur des flèches traduit l'intensité des connexions. En *rouge* sont indiquées les air pariétales d'où proviennent les *inputs* principaux des aires motrices respectives, tandis qu'en *noir* sont indiqué les aires pariétales qui constituent les sources des projections secondaires (Rizzolatti, Luppino, 2001).

Figure 1.6

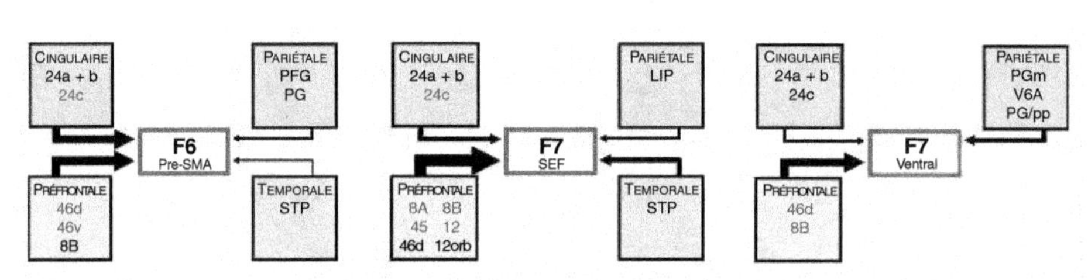

Diagramme qui représente sous une forme schématique les connexions afférentes extrinsèques des aires motric antérieures. Comme dans la figure précédente, l'épaisseur des flèches traduit l'intensité des connexions. rouge* sont indiquées les aires du cortex frontal et du cortex cingulaire d'où proviennent les *inputs* principa des aires motrices respectives, tandis qu'en *noir* sont indiquées les aires frontales et les aires cingulaires q constituent des sources de projections secondaires (Rizzolatti, Luppino, 2001).

Figure 1.7

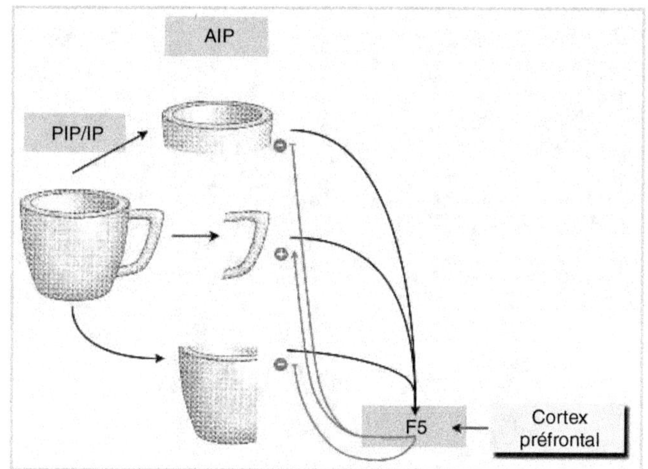

Représentation schématique des interactions AIP-F5 qui interviennent lorsque nous saisissons avec la main une tasse à café en étant guidés par la vue. AIP : aire intrapariétale antérieure ; IT : cortex temporal inférieur ; PIP : aires pariétales postérieures connectées avec l'aire AIP. Selon le modèle illustré ci-dessus, l'aire AIP extrait les *affordances* visuelles des objets sur la base de leur aspect physique (information visuelle provenant de PIP) et de leur signification (informations de IT), et active des actes moteurs potentiels (types de prise) en F5. Sur la base des intentions de l'agent (informations du cortex préfrontal), F5 sélectionne un acte moteur (dans ce cas, la prise de précision de l'anse) et communique son choix à l'aire AIP, en renforçant l'*affordance* qui lui correspond (ligne rouge marquée d'un +), et en inhibant les autres (lignes rouges marquées d'un –). La transformation d'un acte potentiel (codé en F5) en un acte exécuté nécessite l'intervention des aires corticales mésiales.

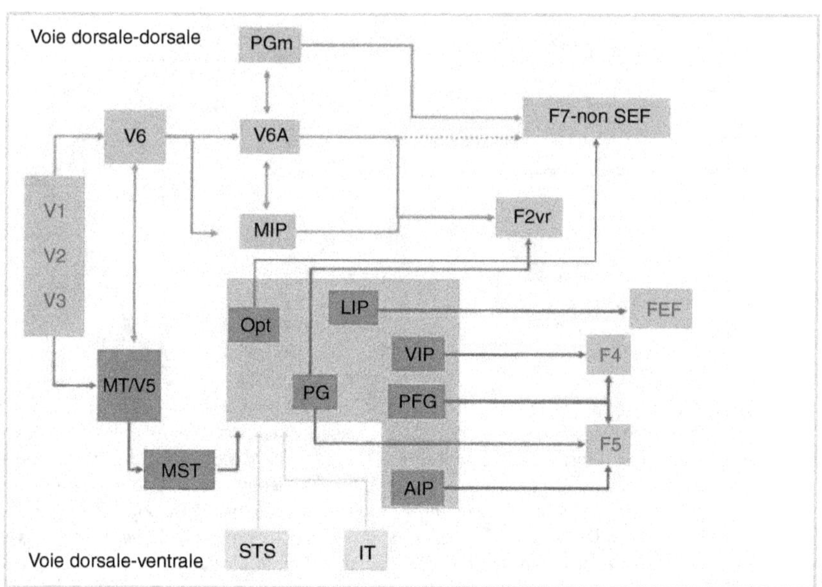

Représentation schématique des connexions anatomiques entre les aires corticales visuelles et les aires pariétales et frontales. À l'intérieur de la voie dorsale, on peut distinguer une voie *dorsale-dorsale*, qui rejoint le lobe pariétal supérieur et qui véhicule l'information visuelle pour le contrôle en temps réel du mouvement, et une voie *dorsale-ventrale*, qui rejoint le lobe pariétal inférieur, et donc les aires du cortex prémoteur, en formant ainsi les circuits responsables des transformations visuo-motrices nécessaires pour des actes comme saisir ou atteindre un objet. En bas, *en jaune* sont indiquées les afférences qui proviennent du sillon temporal supérieur (STS) et du lobe temporal inférieur (IT). Celles-ci atteignent le lobe pariétal inférieur, mais non pas le lobe pariétal supérieur.

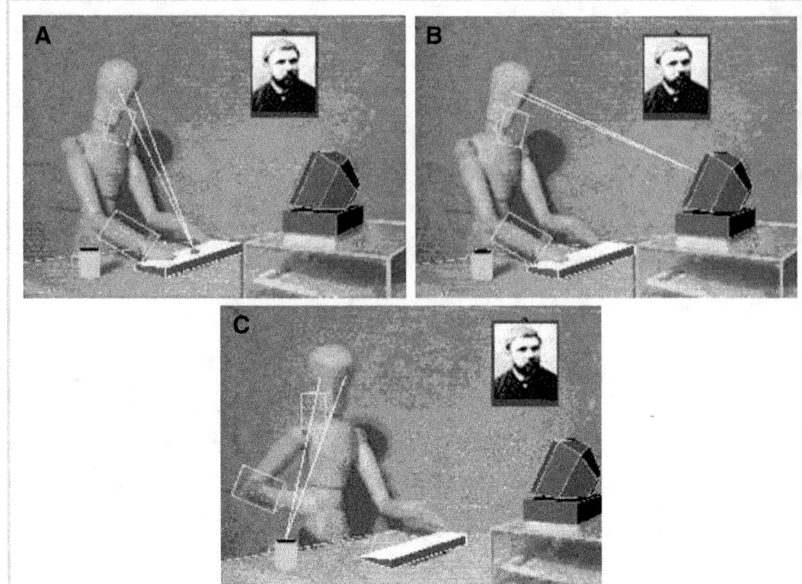

Figure 3.3

Indépendance des champs récepteurs visuels de F4 par rapport à la direction du regard. Pour une description détaillée, nous renvoyons au texte. Le lecteur attentif aura sûrement remarqué le portrait d'Henri Poincaré. Nous pensons que les résultats expérimentaux rapportés ici n'auraient pas déplu au mathématicien français. (Adapté de Rizzolatti *et al.*, 1997.)

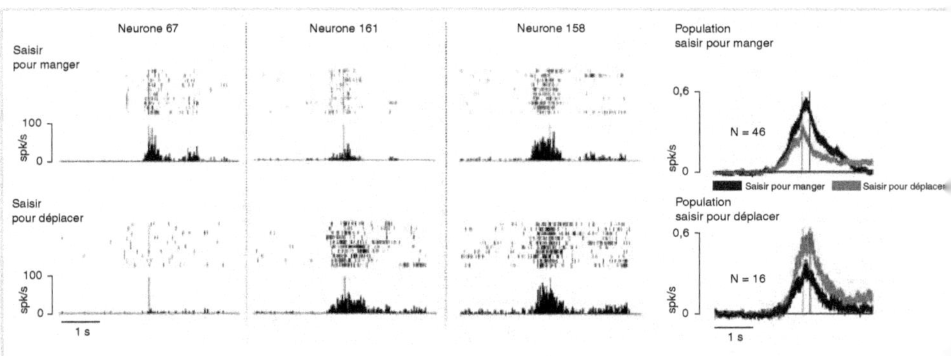

À gauche : activité de trois neurones du lobe pariétal inférieur au cours de l'exécution de la saisie pour porter à la bouche et de la saisie pour placer dans un récipient. Les expériences particulières et les histogrammes de réponse sont synchronisés avec l'instant où le singe touche l'objet qu'il veut saisir. Les barres rouges sont alignées sur l'instant où la main du singe abandonne la position de départ, tandis que les barres vertes sont alignées sur l'instant où l'animal touche le récipient. À droite : les réponses des populations de neurones sélectives à la saisie pour porter à la bouche et à la saisie pour déplacer. Les deux lignes verticales dans les deux panneaux indiquent respectivement l'instant où le singe touchait l'objet et l'instant où était accomplie la saisie (Fogassi *et al.*, 2005).

Figure 4.12

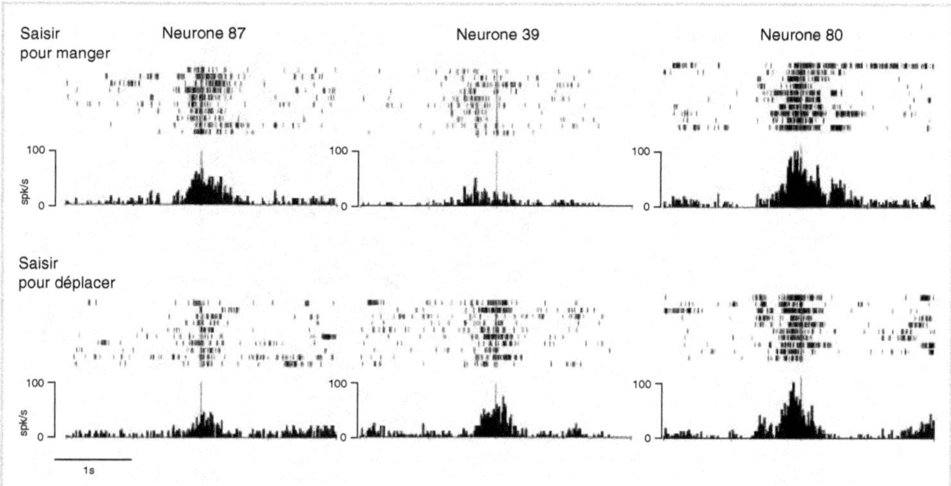

Réponses visuelles de certains neurones miroirs pariétaux pendant que le singe observe l'expérimentateur saisir un morceau de nourriture pour le manger ou pour le placer dans un récipient. Le neurone 87 décharge intensément lorsque le singe observe l'expérimentateur prendre un morceau de nourriture pour le porter à la bouche ; la réponse est beaucoup plus faible lorsque, après l'avoir saisi, l'expérimentateur replace le morceau de nourriture dans le récipient. Le neurone 39 révèle un comportement opposé. Enfin, le neurone 80 ne montre aucune différence essentielle dans ses réponses aux deux situations différentes (Fogassi *et al.*, 2005).

Figure 4.13

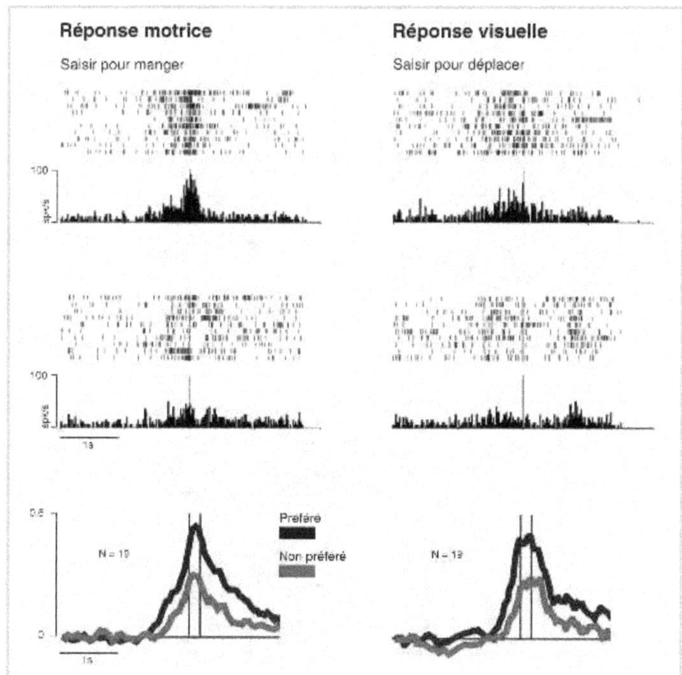

Congruence entre les réponses visuelles et motrices d'un neurone miroir pariétal. Le neurone ci-dessus décharge plus intensément durant la saisie pour porter à la bouche que durant la saisie pour déplacer – et cela aussi bien lorsque le singe exécute l'action que lorsqu'il la voit exécutée par l'expérimentateur (Fogassi *et al.*, 2005).

Figure 4.14

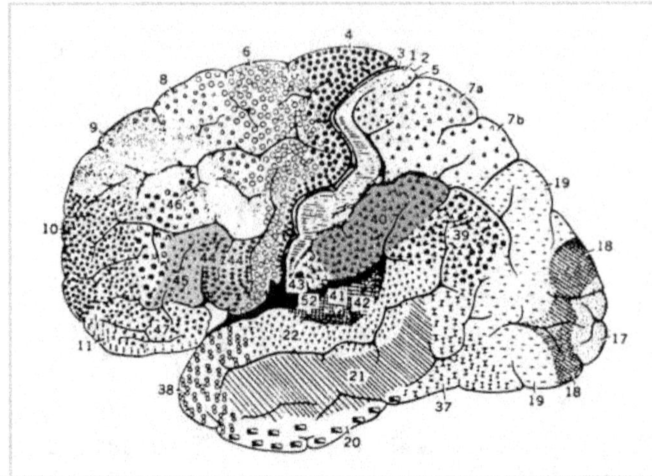

Figure 5.1

Aires anatomiques qui forment le système des neurones miroirs chez l'homme. Représentation latérale d'un cerveau humain indiquant les aires cytoarchitectoniques. En *rose* : secteur du lobe pariétal qui s'active durant l'exécution d'actions et durant l'observation des mêmes actions exécutées par un tiers. En *jaune* : secteur du lobe frontal qui s'active dans les mêmes conditions expérimentales. Ces deux secteurs forment le système des neurones miroirs. Certains auteurs incluent dans le système miroir également l'aire 6 dorsale. Cependant, l'activation de cette aire durant l'observation pourrait indiquer davantage une préparation à agir qu'une « activation miroir ». En *bleu* est indiqué un secteur du lobe frontal qui, dans certaines conditions expérimentales, s'active durant l'observation d'actions exécutées par autrui. Quoi qu'il en soit, de même que la région du sillon temporal supérieur, cette aire ne devrait pas être incluse dans le système miroir, étant donné que ses neurones n'ont vraisemblablement pas de propriétés motrices. Le système des neurones miroirs illustré ci-dessus code des actions privées de contenu émotionnel. Pour les actions à contenu émotionnel, voir chapitre 7.

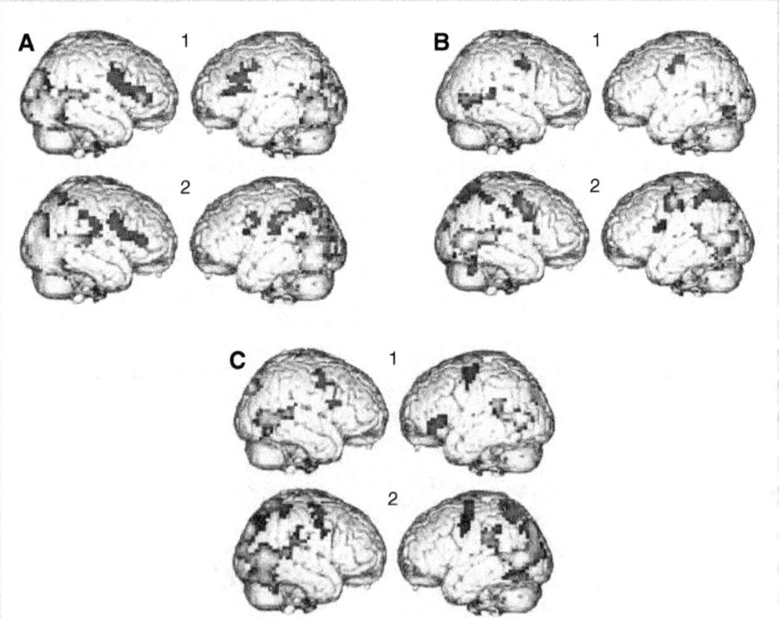

Figure 5.2

Aires corticales activées durant l'observation d'actions mimées (1) et d'actions transitives (2) accomplies avec la bouche (A), la main (B) et le pied (C) (Buccino *et al.*, 2001).

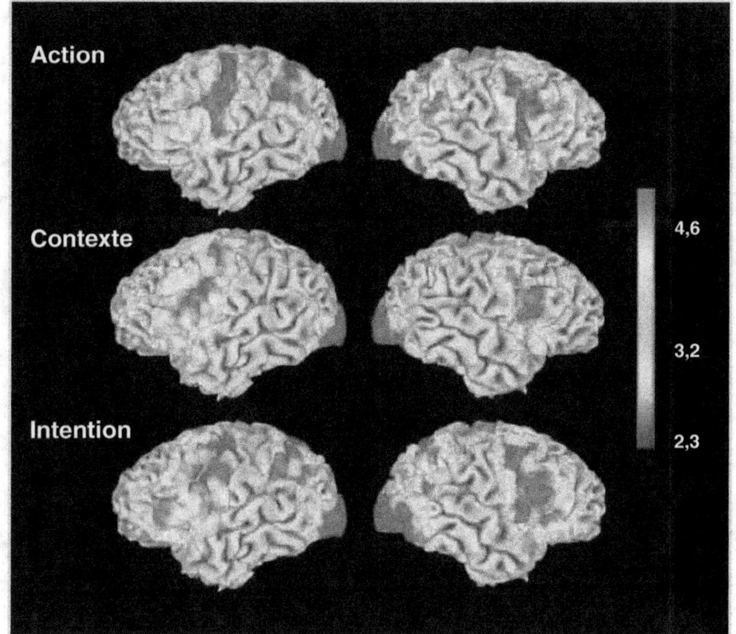

Aires corticales actives durant l'observation d'une scène (*contexte*), d'une série d'actions sans contexte (*action*), et d'une action insérée dans un contexte (*intention*). Les couleurs indiquent les aires actives ; les activations les plus fortes sont indiquées en *rouge* (Iacoboni *et al.*, 2005).

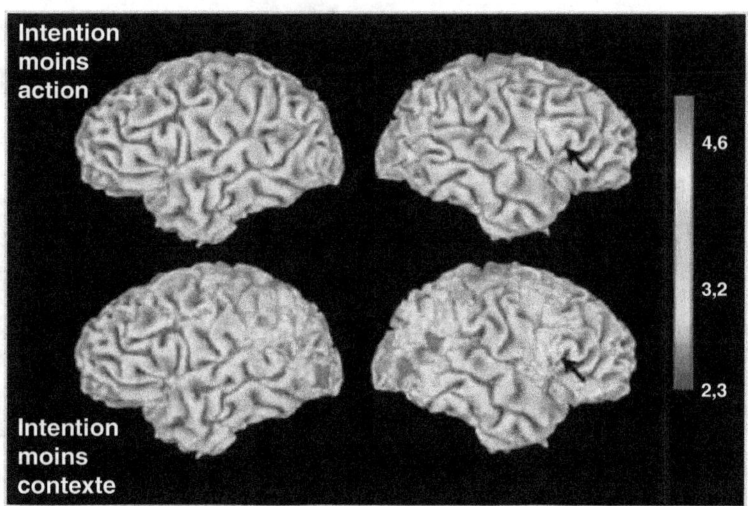

Aires corticales actives lorsque le sujet tente de comprendre l'intention d'autrui. La première ligne montre les aires actives lorsque les sujets sont capables de comprendre les raisons d'une action (*intention*), par contraste avec la situation (*action*) où le sujet voit une action, mais n'a pas les éléments pour comprendre pourquoi elle est exécutée (*intention moins action*). La seconde ligne montre les aires actives par contraste entre la condition intention et la scène où l'action, dans la condition intention, se produit (*intention moins contexte*). Il importe de noter l'activation, dans les deux cas, de la portion postérieure du gyrus frontal inférieur. Cette aire, qui appartient au système des neurones miroirs, apparaît fortement impliquée dans la prédiction des intentions d'autrui (Iacoboni *et al.*, 2005).

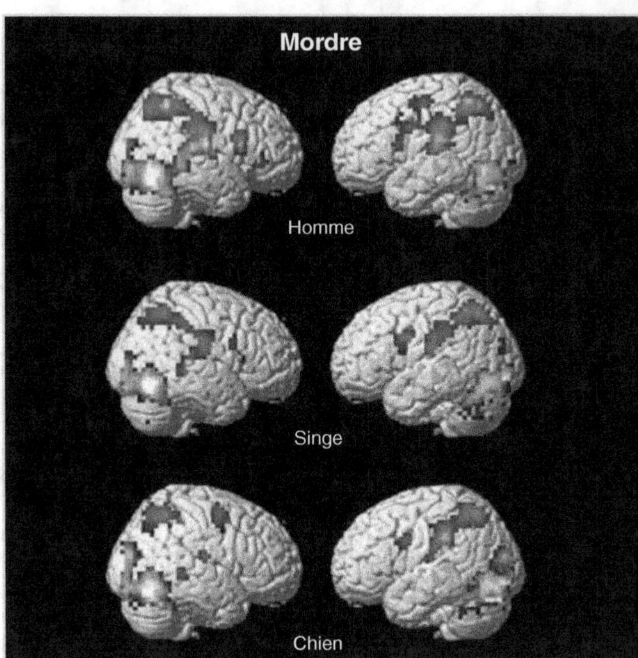

Figure 5.9

Aires corticales actives durant l'observation de l'acte de mordre de la nourriture (voir figure 5.7) accompl[i]
respectivement, par un homme, par un singe et par un chien (Buccino *et al.*, 2004a).

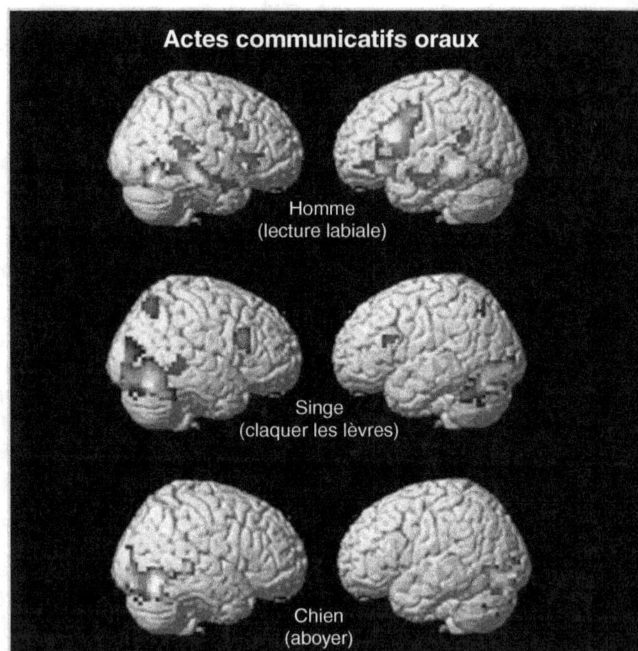

Figure 5.10

Aires corticales activées durant l'observation d'actes communicatifs oraux (voir figure 5.8) accompl[i]
respectivement, par un homme, par un singe et par un chien (Buccino *et al.*, 2004).

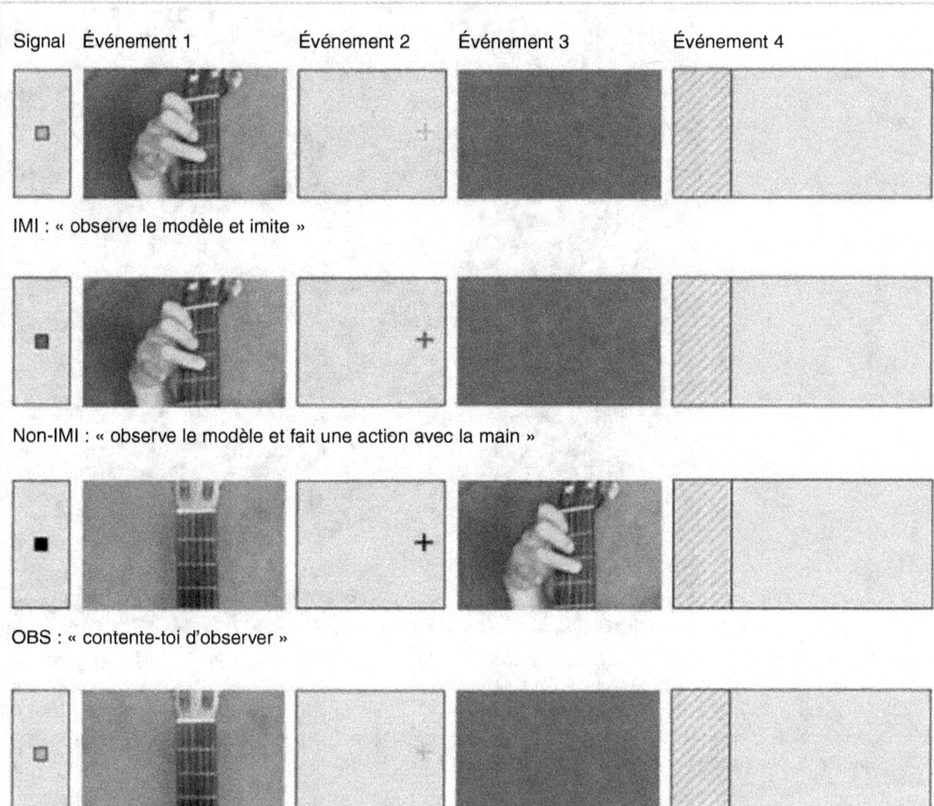

Apprentissage par imitation : dessin expérimental. L'expérience comportait quatre situations, chacune indiquée par une couleur différente et composée de quatre événements. Situation IMI (imitation) : à l'apparition du signal *vert*, les participants devaient observer l'accord exécuté par le professeur (IMI-1) puis, après une courte pause (IMI-2), tenter de le reproduire (IMI-3) ; situation non-IMI (non-imitation) : à l'apparition du signal *rouge* (non IMI-1), les participants devaient observer le modèle, puis, après une courte pause (non-IMI-2), toucher ou prendre le manche de la guitare sans former d'accords (non-IMI-3) ; situation OBS (observation) : à l'apparition du signal *bleu*, les sujets devaient observer le manche de la guitare (OBS-1) et, après une pause (OBS-2), l'accord exécuté par le professeur (OBS-3) ; situation EXE (exécution) : à l'apparition du signal *jaune*, ils devaient observer le manche de la guitare (EXE-1) et, après une pause (EXE-2), exécuter un accord librement (EXE-3). Dans toutes les situations expérimentales, l'expérience se terminait par une phase où les sujets devaient rester immobiles (événement 4). Durées des événements : signal = 2 s, événement 1 = 4-10 s, événement 2 = 2-8 s, événement 3 = 7 s, événement 4 = 6-12 s (Buccino *et al.*, 2004b).

Figure 6.1

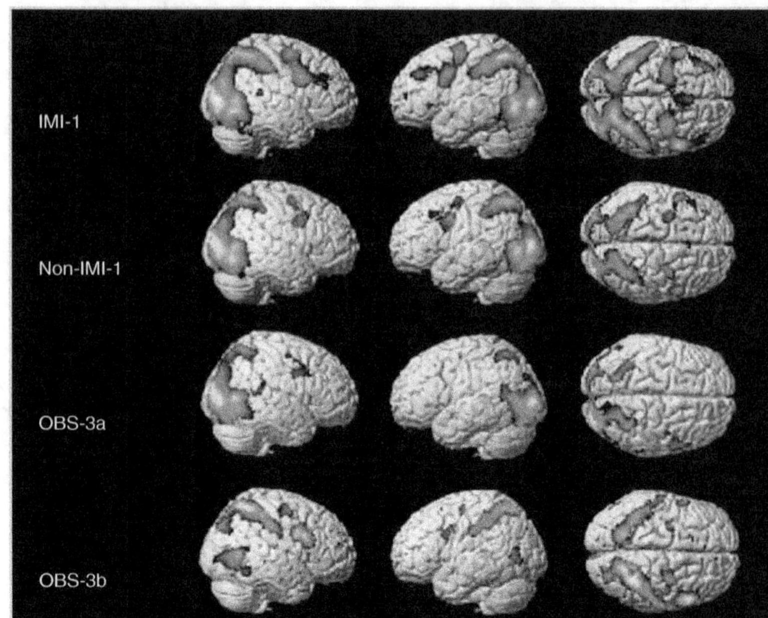

Figure 6.2

Apprentissage par imitation : activation corticale durant l'observation. Aires corticales activées lorsque le participants observent le professeur exécuter l'accord à la guitare pour l'imiter (IMI-1), sans devoir l'imiter (non IMI-1) ou après s'être bornés à regarder le manche de la guitare (OBS-3a, b). En IMI-1, non-IMI-1 et OBS-3a l comparaison concerne l'activité enregistrée lors des quatre événements respectifs (pause finale), tandis qu'er OBS-3b la comparaison concerne l'activité relevée en OBS-1 (observation du manche de la guitare) (Buccino e al., 2004b).

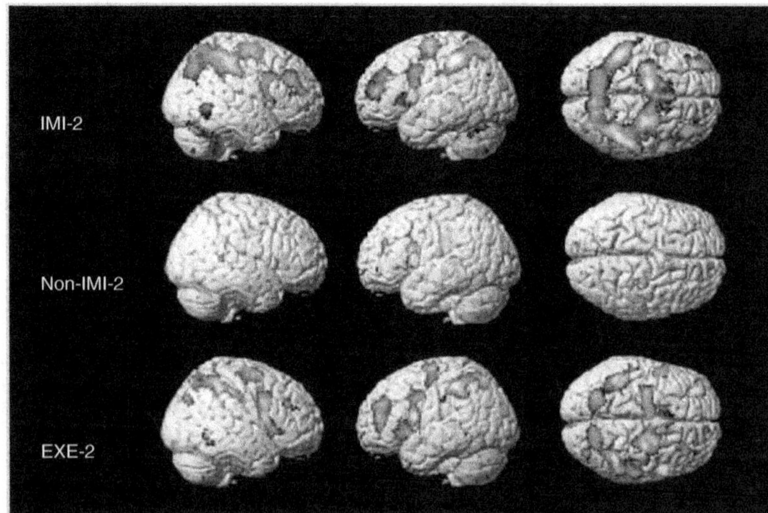

Figure 6.3

Apprentissage par imitation : aires corticales activées durant la pause avant l'exécution d'une action, imitative o non. Dans les trois conditions expérimentales, la comparaison concerne les quatre événements respectifs (paus finale). En IMI-2, après avoir vu exécuter l'accord par le professeur, les participants devaient se préparer . l'imiter ; dans non-IMI-2, après avoir observé le même modèle qu'en IMI-2, les sujets devaient planifie l'exécution des mouvements des mains (mais non des accords) sur le manche de la guitare, en EXE-2, après avoi regardé le manche de la guitare, ils devaient choisir librement quel accord exécuter (Buccino *et al.*, 2004b).

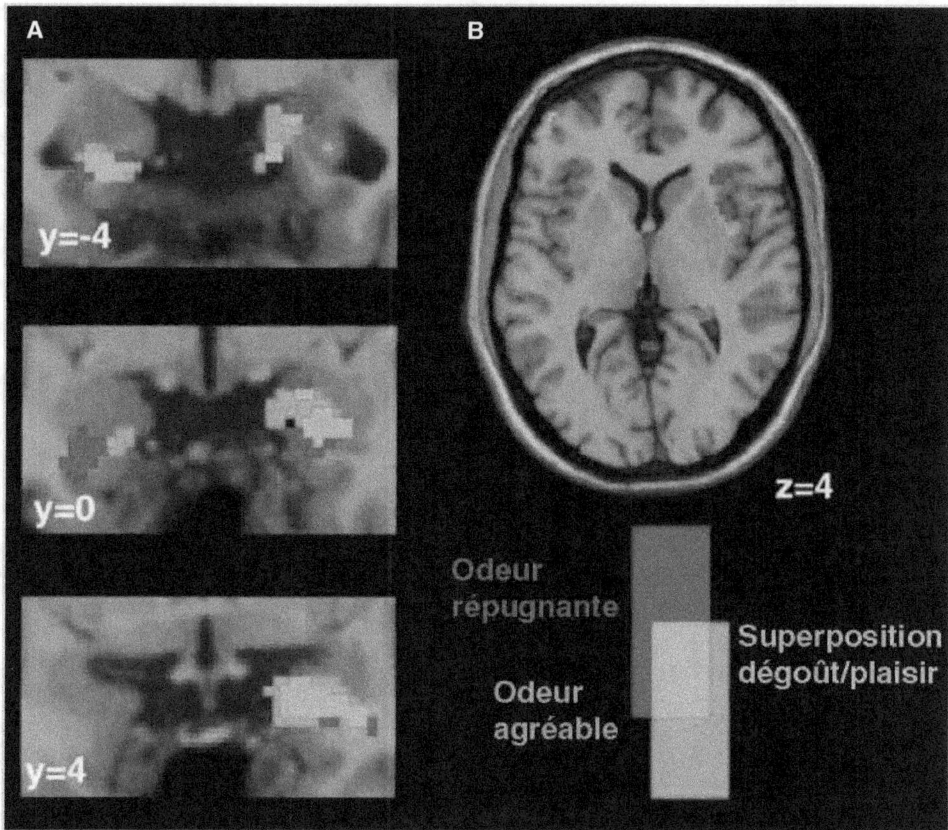

Activation obtenue après stimulation olfactive. Ces activations (zones colorées) sont superposées à l'image anatomique d'un cerveau standard (MNI, Montreal Neurological Institute), selon les conventions neurologiques (la droite est la droite). (A) Sections coronales (transversales) à travers l'amygdale. Il convient de noter le degré de superposition (*orange*) entre les activations déterminées par les odeurs nauséabondes (*rouge*) et agréables (*vert*), dans l'amygdale droite (B). Section horizontale des réponses aux odeurs de l'insula. L'activité est bilatérale et antérieure pour les odeurs répugnantes, tandis qu'elle est plus postérieure et limitée à l'hémisphère droit pour les odeurs agréables. Il n'y a pas de superposition entre les activations induites par les deux types d'odeurs (Wicker *et al.*, 2003).

Figure 7.3

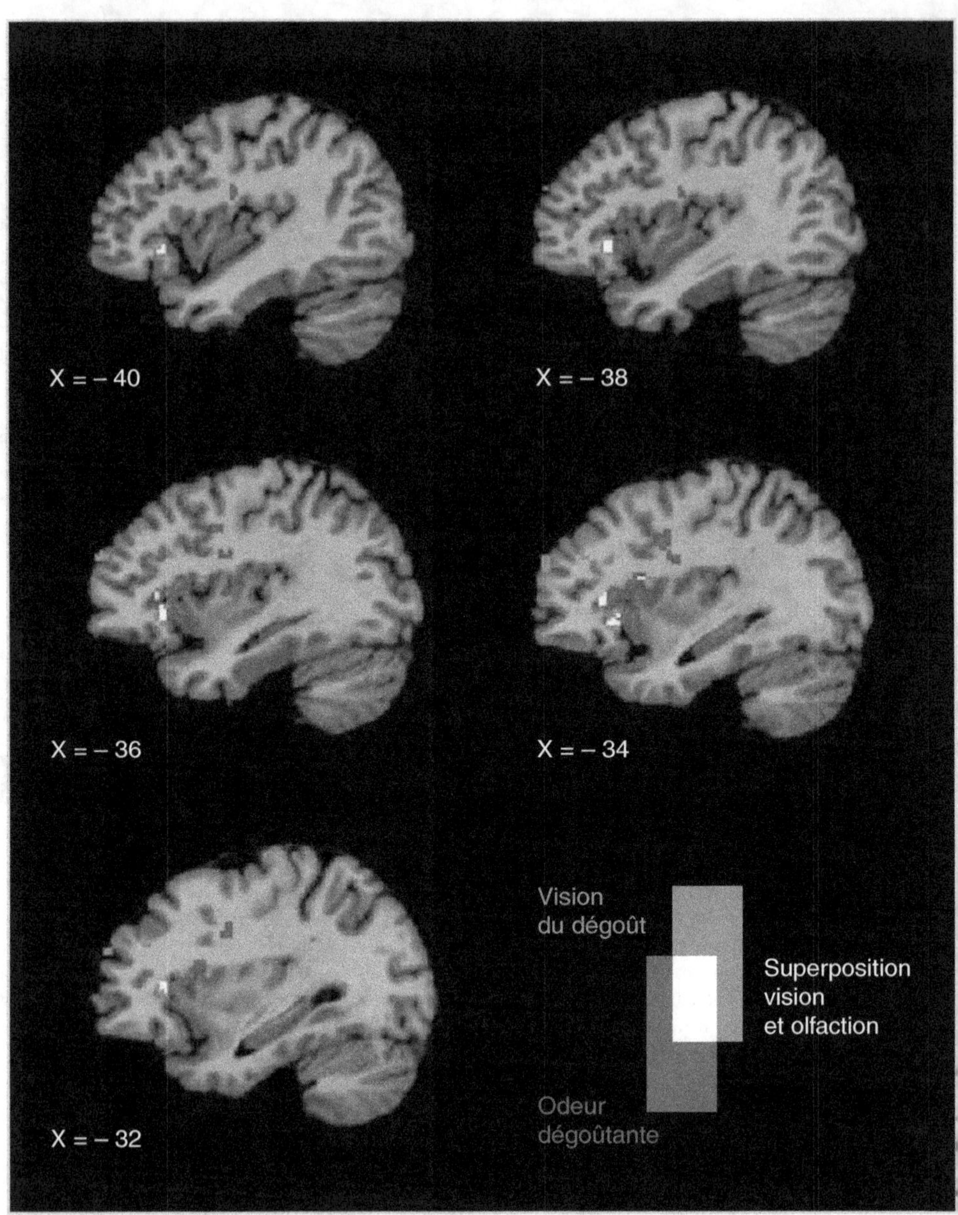

Activation induite par des stimuli olfactifs répugnants et par la vision de visages exprimant le dégoût. En *bleu*, les activations subséquentes à la vision de visages exprimant le dégoût, en *rouge*, activation induite par des stimuli olfactifs répugnants ; en *blanc*, les zones activées par les deux types de stimuli. Les activations sont présentées sur une section horizontale d'un cerveau standard (Wicker *et al.*, 2003).

Figure 7.4

TABLE DES MATIÈRES

CHAPITRE 4
Agir et comprendre

CHAPITRE 5
Les neurones miroirs chez l'homme

CHAPITRE 6
Imitation et langage

CHAPITRE 7
Le partage des émotions

Ouvrage publié sous la responsabilité éditoriale
de Gérard Jorland

Imprimé par Lightning Source France
1 avenue Gutenberg
78310 Maurepas

N° d'édition : 7381-1924-Y